大学讲堂书系·人生大学知识讲堂

美学与人生

靓丽人生的风景

拾月 主编

主　编：拾　月
副主编：王洪锋　卢丽艳
编　委：张　帅　车　坤　丁　辉
　　　　李　丹　贾宇墨

吉林出版集团股份有限公司
全国百佳图书出版单位

图书在版编目（CIP）数据

美学与人生：靓丽人生的风景 / 拾月主编. -- 长春：吉林出版集团股份有限公司，2016.2（2022.4重印）
（人生大学讲堂书系）
ISBN 978-7-5581-0747-4

Ⅰ.①美… Ⅱ.①拾… Ⅲ.①美学－青少年读物②人生哲学－青少年读物 Ⅳ.①B83-49②B821-49

中国版本图书馆CIP数据核字（2016）第041332号

MEIXUE YU RENSHENG LIANGLI RENSHENG DE FENGJING

美学与人生——靓丽人生的风景

主　　编	拾 月	
副 主 编	王洪锋　卢丽艳	
责任编辑	杨亚仙	
装帧设计	刘美丽	

出　　版	吉林出版集团股份有限公司
发　　行	吉林出版集团社科图书有限公司
地　　址	吉林省长春市南关区福祉大路5788号　邮编：130118
印　　刷	鸿鹄（唐山）印务有限公司
电　　话	0431-81629712（总编办）　0431-81629729（营销中心）
抖 音 号	吉林出版集团社科图书有限公司　37009026326

开　　本	710 mm×1000 mm　1／16
印　　张	12
字　　数	200千字
版　　次	2016年3月第1版
印　　次	2022年4月第2次印刷

书　　号	ISBN 978-7-5581-0747-4
定　　价	36.00元

如有印装质量问题，请与市场营销中心联系调换。0431-81629729

"人生大学讲堂书系" 总前言

　　昙花一现，把耀眼的美只定格在了一瞬间，无数的努力、无数的付出只为这一个宁静的夜晚；蚕蛹在无数个黑夜中默默地等待，只为了有朝一日破茧成蝶，完成生命的飞跃。人生也一样，短暂却也耀眼。

　　每一个生命的诞生，都如摊开一张崭新的图画。岁月的年轮在四季的脚步中增长，生命在一呼一吸间得到升华。随着时间的推移，我们渐渐成长，对人生有了更深刻的认识：人的一生原来一直都在不停地学习。学习说话、学习走路、学习知识、学习为人处世……"活到老，学到老"远不是说说那么简单。

　　有梦就去追，永远不会觉得累。——假若你是一棵小草，即使没有花儿的艳丽，大树的强壮，但是你却可以为大地穿上美丽的外衣。假若你是一条无名的小溪，即使没有大海的浩瀚，大江的奔腾，但是你可以汇成浩浩荡荡的江河。人生也是如此，即使你是一个不出众的人，但只要你不断学习，坚持不懈，就一定会有流光溢彩之日。邓小平曾经说过："我没有上过大学，但我一向认为，从我出生那天起，就在上着人生这所大学。它没有毕业的一天，直到去见上帝。"

　　人生在世，需要目标、追求与奋斗；需要尝尽苦辣酸甜；需要在失败后汲取经验。俗话说，"不经历风雨，怎能见彩虹"，人生注定要九转曲折，没有谁的一生是一帆风顺的。生命中每一个挫折的降临，都是命运驱使你重新开始的机会，让你有朝一日苦尽甘来。每个人都曾遭受过打击与嘲讽，但人生都会有收获时节，你最终还是会奏响生命的乐章，唱出自己最美妙的歌！

正所谓，"失败是成功之母"。在漫长的成长路途中，我们都会经历无数次磨炼。但是，我们不能气馁，不能向失败认输。那样的话，就等于抛弃了自己。我们应该一往无前，怀着必胜的信念，迎接成功那一刻的辉煌……

感悟人生，我们应该懂得面对，这样人生才不会失去勇气……

感悟人生，我们应该知道乐观，这样生活才不会失去希望……

感悟人生，我们应该学会智慧，这样在社会上才不会迷失……

本套"人生大学讲堂书系"分别从"人生大学活法讲堂""人生大学名人讲堂""人生大学榜样讲堂""人生大学知识讲堂"四个方面，以人生的真知灼见去诠释人生大学这个主题的寓意和内涵，让每个人都能够读完"人生的大学"，成为一名"人生大学"的优等生，使每个人都能够创造出生命中的辉煌，让人生之花耀眼绚丽地绽放！

作为新时代的青年人，终究要登上人生大学的顶峰，打造自己的一片蓝天，像雄鹰一样展翅翱翔！

"人生大学知识讲堂"丛书前言

　　易中天曾经说过:"经典是人类文化的精华,先秦诸子,是中国文化遗产中经典中的经典,精华中的精华。这是影响中华民族几千年的文化经典。没有它,我们的文化会黯然失色;这又是我们中华民族思想的基石,没有它,我们的思想会索然无味。几千年来,先秦诸子以其恒久的生命力存活于人间,影响和激励了一代又一代人。"

　　人创造了文化,文化也在塑造着人。

　　社会发展和人的发展过程是相互结合、相互促进的。随着人全面的发展,社会物质文化财富就会被创造得越多,人民的生活就越能得到改善。反过来,物质文化条件越充分,就又越能推进人的全面发展。社会生产力和经济文化的发展是逐步提高、永无休止的历史过程,人的全面发展也是逐步提高、永无休止的过程。

　　青少年成长的过程本质上是培养完善人格、健全心智的过程。人的生命在教育中不断成长,人通过接受教育而成为人。夸美纽斯说:"有人说,学校是人性的工场。这是明智的说法。因为毫无疑问,通过学校的作用,人真正地成为人。"不可否认,世界性的经典文化是千百年来流传下来的文化遗产与精神财富,塑造了人们的文化精神及思想品格，教育中社会性的人际生命与超越性的精神生命都是文化传统赋予的。经典的文化知识是塑造人生命的基本力量，利用传统文化经典对大学生进行生命教育不仅必要而且可能。

经典知识尤其是思想类经典，具有博大的生命意蕴，可以丰富人的精神生命。儒家经典主要有"四书五经"，讲求正心、诚意、格物、致知、修身、齐家、治国、平天下，从成己而成人，着重建构人的社会性生命。道家经典以《道德经》《庄子》为代表，以得道成仙、自然无为为旨归，侧重人的精神生命。佛教禅宗经典以《坛经》为代表，以明心见性、顿悟成佛为核要，直指人的灵性存在，侧重生命的超越性。

传统文化经典蕴含丰富的生命智慧，有利于提升人格，涵养心灵。中国传统文化蕴含丰富的人生智慧，例如道家的重生养生、少私寡欲；儒家的自强不息、厚德载物；佛家的智悲双运、自利利他等思想，对于引导青少年确立生命的价值与信念，保持良好心境，处理人际关系，提升青少年的修养，不无裨益。

为了更好地帮助青少年在人生成长过程中得到经典知识文化的滋养，使世界先进的文化知识在青少年群体中形成良好传播，我们特别编撰了"人生大学知识讲堂"系列丛书，此套丛书包含了"文化与人生""哲学与人生""智慧与人生""美学与人生""伦理与人生""国学与人生""心理与人生""科学与人生""人生箴言""人生金律"10 个方面，丛书以独到的视角，将世界文化知识的精髓融入趣味故事中，以期为青少年的身心灌注时代成长的最强能量。人们需要知识，如同人类生存中需要新鲜的空气和清澈的甘泉。我们相信知识的力量与美丽。相信在读完此书后，你会有所收获。

第1章　言辞是行动的影子——美的语言

第2章　举手投足间的无形语言——美的体态

第 3 章　莲出淤泥而不染——美的本性

第 4 章　好的性格是成功的开始——美的品质

第 5 章 奏响人生的畅想曲——美的音乐

第 6 章 交汇出来的人生——美的线条

第 7 章　态度决定高度——美的心态

第 1 章

言辞是行动的影子——美的语言

　　语言是我们表达自己想法、思想以及感情的直接媒介。反过来说，我们说话的内容和方式，直接反映了自己的素质、修养以及品行，而这些因素都将影响到他人对我们的评价。比如，如果我们能做到言之有物、风趣幽默、谈吐文雅，就会给人留下良好的印象;如果讲话毫无逻辑，甚至恶语伤人，就会令人反感讨厌。有的时候，我们在和别人见面的时候，你说的第一句话或者是你说的某句话就决定了他对你的看法，甚至可能胜过你之前所有的精心准备，也胜过你在其他方面的表现。

第一节 言之有物、言之有理、
言之有情——口才之美

得体的口才让你在众人中脱颖而出

言谈所具有的巨大威力，一直为人们所重视。南北朝时期的刘勰曾经说过："一言之辩，重于九鼎之宝；三寸之舌，强于百万之师。"那些拥有好口才的人，当然会与众不同；而口才一般的人，就会"泯然众人"了。

现代社会，人与人之间的交往日益频繁。人们的相处，说到底都是从交谈开始的。拥有才能的人可能有千千万，但要被人认识，要脱颖而出，就必须与人交谈，有时甚至还必须"毛遂自荐"。如果不会借助口才，就很难让别人看到自己的特别之处，也就无法让人"另眼相看"，在竞争激烈的现代社会则更是如此。我们常常发现，朋友们在一起，那些口才好的人，往往更加容易在无形中成为"领袖"，受到其他人的推崇。

杨澜是我国非常著名的女主持人。众所周知，我国主持人行业的竞争是非常激烈的，要想在众多主持人中表现突出，杰出的口才是必不可少的能力之一。

在踏入主持行列不久，杨澜曾到广州市担任某演出活动的主持人。不过，演出到中途时，她在下台阶时不小心摔了下来。当时，现场有非常多的观众，而电视机前的观众自然也不少。出现这种情况，很多人都替杨澜捏了一把汗。但杨澜并没有慌张，她沉着地爬了起来，微笑着对台下的观众说："俗话说，'人有失手，马有失蹄'。大家一定认为，我刚才'狮子滚绣球'的表演还不熟练吧？看来这次演出的台阶还真不那么好下哦！但台上的节目一定会很精彩，不信，请瞧他们。"

她话音刚落，会场就立刻爆发出热烈的掌声。有的观众还大声说："广州欢迎你！"

杨澜这段即兴的讲话，不但为自己摆脱了尴尬的处境，还展现了她非凡的口才，让更多的人认识了她，见识到了她的机智、幽默。不难想象，如果换做口才一般的主持人，可能就造成很尴尬的场面，但杨澜却凭借自己优秀的口才，非常机智、幽默地化解了尴尬，而且还将之变成了表现她的最佳机会。

口才，确实是我们诸多能力中最难能可贵的一种。会说话的人，到处都受人欢迎，更加容易从众人中脱颖而出，给人良好的印象。反过来说，那些说话不流利，不能自如表达的人，不但往往会埋没了自己的才能，甚至会产生自卑的情绪。没有口才，就好像发不出声音的留声机，无法使人感兴趣。而那些具有良好口才的人，则多半是现代社会中的活跃人物。我们说话的能力往往能够代表我们的力量，说话得体的人往往容易被人关注，而口才差的人则容易被人忽视。

那么，究竟怎样说话才算得体呢？

首先，言简意赅，清晰表达出自己的意思。要保证说话时声音清楚，快慢适度，音量合适。

其次，说话要充满感情，千万不要太"过"。比如，我们一定要很真诚地说话，给对方一个良好的印象。当然，你还要注意适当的姿势，让人感觉你的确非常喜欢和他说话。

再次，要注意因人制宜、因地制宜，也就是分清楚说话的对象和场合、时机。有很多话，在一个地方很得体，在另外一个地方说出来却可能很不合适。

最后，一定要注意说话的艺术。有些话不能说，就千万不要说；有些话不能直说，就要"拐着弯"说；批评的时候要委婉，赞扬的时候也不要太露骨。

总之，要让人听起来舒服，觉得跟你说话是一种享受，那么你的说话就算是得体了。

敢做更要敢说，彰显自我个性

在一些特定的时机或场合，很多人似乎都害怕说话。有些人担心自己会说错，有些人根本是没有勇气说出来。说到底，这都是没有自信的表现。这么做往往导致自己越来越没有自信，有时甚至错失良好的机会。要掌握说话的艺术，就要克服不敢说话的难题。如果既敢做，又敢说，那么你不但能为自己加分，而且离成功也会越来越近。

战国时，秦国围攻赵国，赵王派平原君到楚国求救兵。出发之前，平原君召集所有门客，打算从中挑选出 20 名智勇双全的人一同前往，但挑来挑去只挑到 19 个人，最后一人总觉得不满意。这时，一个叫毛遂的门客自告奋勇，对平原君说："在下愿意跟随平原君前往楚国。"平原君不以为意地说："一个有才能的人，会像锥子装在口袋里一样穿破口袋钻出来，被人们发现。在你到我门下的这三年时间里，我从未发现你有什么过人之处。我凭什么带上你和我去楚国完成这么重大的使命呢？"

毛遂心平气和地说："我只不过今天才请求进入您的囊中罢了。如果我早这么做，就会像禾穗的尖芒一样锋芒毕露，而不单单是尖梢露出来而已。"平原君见毛遂说得气度不凡，于是答应毛遂的请求。最后，正是毛遂帮助平原君说服了楚王出兵支援赵国，拯救了赵国的命运。平原君回赵后，立即奉毛遂为上宾。

"毛遂自荐"的故事大家都耳熟能详，其实这就是勇于表现、敢做敢说的最佳诠释。平原君的门客有千人之多，其中不乏智勇双全的人，要在这么多人中被发现，恐怕是件很难的事情。从这个角度上说，毛遂的成功，不但在于他有完成任务的能力，还在于他敢于自荐。他的自信、勇敢，让他的故事成为传承千年不衰、脍炙人口的佳话。我们很难想象，如果毛遂仅仅是胸有成竹，却不自己站出来说服平原君，那么他就必然错失了表现自己的机会，他的名字恐怕也要被淹没在芸芸众生中了。

其实，在现实生活中，我们经常会像毛遂一样面临选择。当我们面临选择的时候，我们有做事的能力，却没有说出"我行"的勇气，从而导致良机错失，追悔莫及。既然"敢做"，就应该大胆地说出来，让自己的能力和魅力得到充分展现。如果没有敢说的勇气，建议你按照下面的方法来做：

第一，多关注自己的优点和成就。不要总想着自己的缺点和失败的经历，要多想想自己的优点，并告诉自己曾经有过什么成就，让自信蔓延。

第二，不断对自己进行正面的心理暗示。如果碰到困难，一定不要放弃。反复进行正面的心理暗示，对于提高自己的自信心很有好处。

第三，要树立自信的外貌形象。心理学研究证明，一个人如果能保持整洁、得体的仪表，将有利于增强自己的自信心。如果你能经常保持举止大方、行为端正等形象，就会有发自内心的自信。另外，微笑会增加你的自信感和幸福感，你也需要始终保持微笑。

第四，要懂得扬长避短。"尺有所短，寸有所长"，我们在学习、生活、工作中当然会有不同的优点和弱点，重要的是要经常抓住机会展现自己的优势和特长，当然也要注意弥补自己的不足。

做决定之前，不要考虑太多的后果，不要总是想"万一失败了怎么办"，让这类负面情绪影响你的决定。千万不要因为偶尔的失败而失去了表达自己的勇气。不要想太多，失败和成功都在所难免，你的勇气才是最重要的。

西方世界已经普遍把"舌头"和"金钱""原子弹"归在一起，并称为现代社会的三大"武器"。现代社会高速发展，地球越来越"小"，人与人之间的交流越来越频繁，如果没有一定的语言表达能力，我们就无法适应这个信息社会。不管我们是管理工厂还是公司，是做律师还是教师，都离不开口才，否则就只能是事倍功半。

也许你没有留意，但事实上，许多本应属于我们的高薪、升职、成功……可能都因为我们的"笨嘴拙舌"而付之东流。不管我们承认与否，口才已成为决定我们每个人事业成败的重要因素。有人说，"人才未必有口才，有口才者必定是人才"，的确如此，口才已经成为现代人必备的重要能力，更是优秀人才必备的一种能力。

如果我们能练就好的口才，我们就能在社会交往方面大显身手。即使你很优秀，也需要口才的加持。有才干兼有口才的人，成功的希望更大、更多，因为你的才干可以通过言语谈吐加以充分表露，能更加准确地跟对方沟通；只有敢于、善于表达自己，使对方更深一层地了解你，才能让你得到对方的支持，甚至托付给你重任。相反，那些有学问而没口才的人，在交往时必然窘于应付，无形中就会丢掉很多机会。

第二节　晓之以理，动之以情
——劝说之美

如果一个人因为与你不和，并对你怀有恶感或心怀不满，那么你用任何办法都不能使他信服于你。责骂的父母、强硬的上司、抱怨的丈夫，以及唠叨不休的妻子们都应该明白：人们不愿改变他们的想法，我们不能勉强或迫使他们与你我意见一致，但如果我们用温柔友善的态度去劝说对方，或许能引导他们和我们走向一致。

用友善的方式开始

温柔、友善，永远比愤怒、暴力更有力。如果你在盛怒之下，对他人发了脾气，可能宣泄了自己的情绪，感觉好受多了，可是别人会怎么样呢？你那挑衅的口气、仇视的态度，能让他轻易地接受你的观点吗？

威尔逊总统曾说过："如果你握紧两个拳头来找我，对不起，我敢保证我的拳头会握得和你一样紧。但如果你到我这儿来说，'让我们坐下来商量，看看为什么我们彼此意见不同。'那么不久我们就会发现，我们的分歧其实并不大，我们的看法同多异少。因此，只要我们有耐心相互沟通，我们就能相互理解。"

最欣赏威尔逊这些至理名言的，要数小约翰·洛克菲勒了。1915年，洛克菲勒还是科罗拉多州一个最受人轻视的人。美国工业史中流血最多的罢工潮，在科罗拉多州动荡不安地持续了两年。愤怒而粗野的矿工要求科罗拉多煤铁公司增加薪水，而这家公司正归洛克菲勒所有。当时，房产被毁坏，军队也被调动出来，发生了多起流血事件。罢工的工人遭到镇压和枪杀，许多尸体遍体枪伤。

在那样一种充满仇恨的情况下，洛克菲勒却要使罢工者接受他正常工作并不加薪的意见，并且他真的做到了。他又是怎样做的呢？大致的情形是这样的：他先是花了数星期的时间和工人交涉，然后又对工人代表发表演说。这篇演说可算得上是一篇杰作，而且产生了惊人的效果，它不但平息了恐吓者要把洛克菲勒吞下去的仇恨，还使他赢得了许多赞赏者。他用极友善的态度来阐明事实，使罢工的2人回去工作，并且不再提增加薪资的事。这是那篇著名演讲的开始部分，且看它的字里行间所流露出来的友善精神。要知道，听洛克菲勒这次演讲的人，几天前还打算将他吊死在酸苹果树上。

洛克菲勒是这样开始演讲的：

"这是我一生中最值得纪念的一天，这是我第一次这样幸运地会见这家伟大公司的劳工代表、职员及监督者们。说心里话，我很荣幸能到这里来，而且在我有生之年绝不会忘了这次聚会。如果这次聚会在两个星期前举行，我对你们中大多数人来说一定是一个陌生人，而且我也只认识少数的面孔。上星期我有机会访问南矿区所有的住户，除去外出的代表，我差不多和所有代表谈过话，我见过你们的家人，看到了你们的妻子儿女。我们今天在这里见面，不再是陌生人，而是朋友。也正是在这种互相友善的精神中，我很幸运有这种机会，同你们讨论我们共同关心的问题。这是由公司职员及工人代表参加的集会。我之所以能来这里，全都是因为你们的厚爱。尽管我既不是公司职员，也不是工人代表，但我仍然觉得与你们关系亲密，因为从某方面说，我代表了股东及董事双方。"

这难道不是一个化仇敌为朋友的最理想的例子吗？假如洛克菲勒和那些矿工争论，态度强硬地当着他们的面举出毁坏矿场的事实；假如他用暗示的语气告诉他们，说他们是错的；假如他运用逻辑规则来证明他们是错误的，那么结果会如何？那必然会激起更大的愤怒、更多的仇恨和更多的反抗。

让对方开口说 "是"

与人交谈的时候，千万不要一开始就讨论你们有分歧的事情。刚开始的时候应该先强调，并坚持不停地强调——你们都认同的事情。如果可能的话，再强调你们双方都在追求同一个目标，你们之间的唯一差别只是在方法上，而不是在目标上。

阿弗斯教授在《影响人类的行为》一书中说，"不"的反应是最难克服的障碍。当你说了一个"不"字之后，自尊就会迫使你继续坚持下去。虽然在事后，你也许发现自己说出的"不"字是错的。但是，考虑到自己的自尊，一旦说了"不"，你就发觉自己很难再改变。所以，如何让对方在一开始就朝着肯定的方向做出反应，对你们的结果是很重要的。

懂得说话技巧的人，一开始就得到许多"是"的答复。这可以引导对方进入肯定方向，就像撞球一样，原先你打的是一个方向，稍有偏差，等球碰回来的时候，就完全与你期待的方向相反了。"是"的反应其实是一种很简单的技巧，却被大多数人忽略。也许有些人以为，在一开始便提出相反的意见，不正好可以显示出自己的独特和有主见吗？但事实并非如此。

詹姆斯·艾伯森是格林威兹储蓄银行的一名出纳，他就是采用这种办法挽回了一位差点流失的顾客。詹姆斯·艾伯森回忆说：

"一个年轻人走进来要开个户头，我递给他几份表格让他填写，但他断然拒绝填写有些方面的资料。在我没有学习人际关系课程以前，我一定会告诉这个客户，假如他拒绝向银行提供一份完整的个人资料，我们是很难给他开户的。但今天早上，我突然想，最好不要谈及银行需要什么，而是顾客需要什么。所以我决定一开始就先诱使他回答'是，是的'。于是，我先同意他的观点，告诉他，那些他所拒绝回答的资料，其实并不是非写不可。但是，假定你碰到意外，是不是愿意银行把钱转给你所指定的亲人？'是的，当然愿意。'他回答。那么，你是不是认为应该把这位亲人的名字告诉我们，以便我们以后可以依照你的意思处理，而不致出错或拖延？'是的。'他再度回答。年轻人的态度已经缓和下来，知道这些资料并非仅为银行而留，而是为了他个人的利益。所以，最后他不仅填下了所有资料，而且在我的建议下，开了一个信托账户，指定他母亲为法定受益人。当然，他也填写了所有与他母亲有关的资料。由于一开始就让他回答'是，是的'，这样反而使他忘了原本所在的问题，而高高兴兴地去做我建议的所有事情。"

苏格拉底是人类历史上最伟大的哲学家之一，他改变了人类的思考方式。在2400年后的今天，大家仍尊他为最具智慧的说服者，因为他对这个纷争的世界影响很大。他的秘诀是什么？他是指出别人的错处吗？当然不是。他的方法现在被称为"苏格拉底法则"，也就是我们提到的"是"反应技巧。他先问些对方同意的问题，然后渐渐引导对方进入设定的方向。对方只好继续不断地回答"是"，等到他觉察时，你们已得到设定的结论了。

因此，下次你指出别人犯错的时候，请记住苏格拉底的这一有效法则，先问些温和的问题，一些能引发别人做出"是"的反应的问题。

第三节　夸人减龄，遇货添钱
——赞扬之美

读懂赞美这门艺术

赞美是一种说话的艺术，正确运用这门艺术，会使被赞美者心情愉快，而赞美者自己也会从中感到快乐甚至感到幸福。但是，在这里我们有必要弄清楚这样一个问题：真诚的赞美和奉承究竟有什么不同。因为弄清楚这个问题，是使那些不愿赞美他人者"赞口常开"的关键。赞美与奉承有本质的区别。赞美是真诚、热忱的，是出于真实的感觉，不能掺杂任何不良的用心，同时，赞美是对别人的优点充分给予肯定，给别人以精神上的激励和鼓舞。而奉承他人则是牺牲自己的尊严去恭维，是出于某种不可告人的企图，是明显的趋炎附势，巴结讨好。正如卡耐基所说："奉承是从牙缝中挤出来的，而赞美是发自心灵的。"

第一个区别在于：是否发自内心。真诚的赞美起源于内心深处的一种美感、一种冲动。它反映了一个人对另一个人的认可：外表漂亮，言谈合自己的口味，行动敏捷，品格高尚……即在两个人之中，其中一个人在另一个人身上发现了符合自己理想和价值标准的可贵之处。我们认识、了解这个人的时候，早已有一种无形的力量促使自己要去赞美他的一些优点。

但是奉承却不同，它不是发自内心地对另一个人的认可和钦佩，而是基于内心世界早已存在的一种目的，一种对眼前或日后能够收到"回报"的投资。奉承者在"赞美"他人的时候，脸上虽眉飞色舞，却有几分不自在；他的词语虽然是火辣辣的，但他的内心是一片冰冷。他在赞美一个人的时候，心里想着的只是如何顺利办完与自己利益攸关的事，如何达到自己的目的。

第二个区别则在于：真诚的赞美是实事求是、有理有据地赞，而奉承则是凭空捏造、无理无据地捧。一个真诚的人，在赞美别人的时候，非常有针对性和分寸。他们知道哪些应该赞美，哪些应该提醒注意，哪些应该反对。在他们看来，真正的十全十美是不存在的，事物不存在完美，人更不存在十全十美。因而他们对一个人的评价，根本不会用"最"这种字眼，也不会用"他没有缺点"这种措辞去评价一个人。

使别人快乐和讨对方喜欢是两件不同的事。使别人快乐考虑的是别人而不是自己，讨对方喜欢则相反，他处处计较个人的得失。愿你把握分寸，真心地赞美你周围值得赞美的人。

赞美是一种有特色的说话艺术，恰如其分地赞美别人，既可以增加他人的自信心，又可以拉近与他人之间的距离。

夸人减龄和遇货添钱

俗话说："夸人减龄，遇货添钱。"这就是一种赞美。每个人都希望自己永远年轻，因此成年人对自己的年龄非常敏感。由于成年人普遍存在怕老心理，所以"夸人减龄"就成了讨人喜欢的说话技巧。这种技巧在于把对方的年龄尽量往小了说，从而使对方觉得自己年轻、养生有术等，产生一种心理上的满足。比如一个三十多岁的人，你说他看上去只有二十多岁；一个六十多岁的人，你说他看上去只有四五十岁，这种说法对方是不会认为你缺乏眼力，对你反感的，相反，他会对你产生好感，形成心理相容。"夸人减龄"这种方法只适用于成年人，特别是中老年人，而对于幼儿、少年，可用"逢人长命"，也就是把年龄往大了说，因为他们有一种渴望成长的心理。

货，就是购买物品。买东西是再平常不过的日常行为。在我们的心中，能用"廉价"购得"美物"，那是善于购物者所具有的特质，那是精明人的一种生活方式。虽然我们不可能都是精明购物者，但我们还是希望自己的购物能力得到别人的认可。因此，当我们买了一件物品之后，如果花了 50 元，别人认为只需 30 元时，我们就会有一种失落感，觉得自己不会买东西。但当我们花了 30 元，别人认为需要 50 元时，我们则有一种兴奋感，觉得自己很会买东西。由于这种购物心态的存在，"遇货添钱"这种说话方式也就能打动人心。

比如甲买了一套款式不错的西服，乙知道市场行情，这种衣服两三百元完全可以买下。于是乙在品评时说："这套西服不错，恐怕得六七百元吧？"甲一听笑了，高兴地说："老兄说错了，我 160 元就买下啦！"

这里乙的语言就很有技巧性，在他不知道甲花了多少钱买下这套衣服的情况下故意说高衣服的价格，使对方产生成就感，这就使得对方高兴。

"遇货添钱"法能讨得对方欢心，操作起来也简单，对其价格高估即可。当然"价格高估"也需要注意，一要对物价心里有底，二不能过分高估，否则达不到好的效果。

多在背后赞美他人

人往往喜欢听好听的话，即使明知对方讲的是奉承话，心里还是免不了会沾沾自喜，这是人性的弱点。一个人听到别人说自己的好话时，绝不会感到厌恶，除非对方说得太离谱了。作为一门学问，说好话的奥妙和魅力是无穷的，然而，最有效的好话还是在第三者面前说。设想一下，若有人告诉你，某某在背后说了许多关于你的好话，你能不高兴吗？这种好话，如果是在你的面前说给你听，或许适得其反，让你感到很虚伪，或者疑心对方是否出于真心。

为什么间接听来的赞美会觉得特别悦耳动听呢？那是因为你坚信对方在真心地赞美你。当你直接赞美对方时，对方极可能以为那是应酬话、恭维话，目的只在于附和自己。通过第三者来传达，效果便会截然不同。当事者必定认为那是认真的赞美，没有半点虚假，从而真诚接受，还会提升对你的好感。

在现实中，我们往往会看到这样的现象：当父母希望孩子用功读书时，采用整天当面教训孩子的方法，但很难获得一些效果，相反，假如

孩子从别人嘴里知道父母对自己的期望和关心，父母在自己身上倾注了很多心血时，便会产生极大的学习动力。

卡尔上初中后，由于受他父亲去世的影响，学习成绩逐渐下降。他的妈妈苏珊想方设法帮助他，但是她越是想帮助儿子，儿子离她越远，越不愿意和她沟通。

卡尔学期结束时，成绩单上显示他已经缺课95次，还有6次考试不及格。这样的成绩预示他极有可能连初中都毕不了业。苏珊想了很多办法，比如带他到学校的心理老师那里去咨询、软硬兼施、威胁、苦口婆心地劝他甚至乞求他，但是，这一切都无济于事。卡尔依然我行我素。一天，正在上班的苏珊接到一个自称是卡尔学校的心理辅导老师的电话。老师说："我想和你谈谈卡尔缺课的情况。"老师刚说了这一句，不知为什么，苏珊突然有一种想倾诉的冲动。于是她坦率地把自己对卡尔的爱、对他在学校里的表现所产生的无奈、她自己的苦恼和悲哀，毫无保留地统统向这个从未谋面的陌生人一吐为快。苏珊最后说："我爱儿子，我不知道该怎么办。看他那个样子，我知道他还没有长大，他是一个好孩子，只要他努力，他会学出好成绩。我相信他，我的儿子是最棒的。"

苏珊说完以后，电话那头一阵沉默。然后，那位心理辅导老师严肃地说："谢谢你抽时间和我通话。"说完便挂上电话。

卡尔的成绩单又一次出来了，苏珊高兴地看到他学习有了明显的进步。后来卡尔一跃成为班上的前几名。一年过去了，卡尔升上了高中，在一次家长会上，老师介绍了他怎样从差生向优等生的转变过程，还夸奖苏珊教子有方。回家的路上，卡尔问苏珊："妈妈，还记得一年前那位心理辅导老师给您打的电话吗？"苏珊点了点头。

"那是我。"卡尔承认说，"我本来是想和您开个玩笑的。但是我听见了您的倾诉，心里很难过。我就想，是我伤了您的心。那时候我才意识到，爸爸去世了，您多不容易啊！我必须努力，再也不能让您为我操心了，我下定决心，一定要让您为有我这个儿子而骄傲。"卡尔的一席话，使苏珊的心里顿时充满了温暖。

如果多和孩子沟通与交流，就会让彼此的心灵不再遥远。如果家人或朋友之间有什么看法和建议，不妨找个机会开诚布公地谈一次。

又如，平时上司在自己面前说了很多勉励的话，但还是没有多大感触，但当有一天从第三者的口中听到了上司对自己的赞赏后，深受感动，从此更加努力工作，以报答上司对自己的"知遇"之恩。

多在第三者面前去说他的好话，是使你与那个人关系融洽的最有效的方法。假如有一位陌生人对你说："某某朋友经常对我说，你是位很了不起的人！"相信你喜悦的心情会油然而生。那么，我们要想让对方感到愉悦，就更应该采取这种在背后说人好话的策略。因为这种赞美比起一个人当面对你说"我是你的崇拜者"更让人舒坦，更容易让人相信它的真实性。这种方法不仅能使对方愉悦，更能表现出真实感。

第四节　抑扬顿挫，有条不紊
——语调之美

语调就是说话人的语气和声调变化的结合，它表达了话语中饱含的情感。在说话的时候，你需要让语调来表现出比你说话的具体内容更多的信息，或者说，语调实际上也是你说话内容的一部分。比如，当你的话听起来很真诚的时候，你实际上是在对对方说："我想的就是我所说的，我说的就是我所想的，我这样做实际上是对你的尊重。"这样一来，对方自然会更加相信你所说的话。

学会"塑造"自己的声音

为什么很多人讨论的话题是很有吸引力的，却并没有起到预期的效果呢？实际上，语调传达的信息远比我们想象的多得多。语调就像说话者的表情一样，向对方传达着某种言外之意的感染力。当你听到一个人讲电话的时候，如果他的口气热烈，那么你即使没有见到他，也可以判断出他很高兴。如果他的口气很平淡，那么即使他告诉你一件值得高兴的事，你也会认为这没什么好高兴的。懂得说话的人，不仅会塑造自己的个性声音，使其悦耳动听，而且他们的语气和语调也很有感染力，总能拨动人的心弦，引起对方的共鸣。比如，普普通通的一个语气词"啊"，运用不同的语调，可以分别表达"我明白了""没听清""惊讶""终于知道了"等诸多含义——这正是语调使得你的语言变得声情并茂的例子。

很多人存在这么一种错误的认识，他们认为语调和嗓音一样，都是天生的，并没有意识到自己的语调存在着问题。要注意的问题是，不当的声音会让对方很麻木，并同时失去对说话内容的注意力，从而没有心思去思考你说话的内容，而有语调的声音则会产生完全相反的效果。我们走入了这么一种思想误区——很多时候我们花费更多的心思研究说话的内容，但是最终搞砸我们的却是我们的语调。拿起听筒，听到一个"喂"字，无须再多说什么，从这一个字里，我们就已经知道男朋友是不是还对我们拥有火一般的激情，母亲是不是没有睡好觉，好友是不是已经顺利通过了考试……如此众多的讯息，都包含在这么一个声音的变化——语调中。

"嗓音是身体的音乐，语调是灵魂的音乐"，这句话说得很对。我们悲伤的时候，语调是苍白空洞的；经过一夜狂欢，我们的语调变得有气无力、底气不足；一个星期的海边度假，又可以让我们的语调重新恢复活力和弹性。

你注意过自己声音的语调吗？是慷慨激昂的，还是抑扬顿挫的？或者是平和舒缓的？选择合适的场合运用好你的语调，你可以让你的声音同样表达出丰富的表情。语速张弛有度才能引人入胜。说话要有节奏，该快的时候快，该慢的时候慢，该起的时候起，这样有起伏有快慢，有轻重，才形成了口语的乐感，否则话语便不会感人，不会动人。口语中有规律性的变化，叫节奏。有了这个变化语言才生动，否则就显得呆板。有位意大利的音乐家，他上台不是唱歌，而是把数字有节奏地、有变化地从1数到100，结果倾倒了所有的听众，甚至有的感动得流下了眼泪，可见节奏在生活中是多么重要。

你肯定希望自己能够给人留有干练、明快的印象，那么你就必须掌握好说话的节奏，影响说话节奏主要的因素是讲话的语速。如果你说话太快，以至于某些词语模糊不清，他人就会听不懂你所说的东西；节奏太慢又会表明你过于拖沓，过于迟钝。在语言交流中，讲话的快慢程度会影响你向对方传达信息。速度太快就如同音调过高一样，会给人以紧张和焦虑的感觉。华特·史狄文思在《记者眼中的林肯》一书中说道："他（指林肯）会以很快的速度说出几个字，但是遇到他希望强调的词句时，就会拖长声音，一字一句说得很重。然后，他会像闪电一样迅速地把整个句子都说完……他会尽量拖长所需要强调的字句，差不多与说其他五六句不重要的句子所使用的时间一样长。"

有效地表达自己的主题

请你尝试着说出下面一句话："今天我们要向大家介绍我们公司的这款商品。"当你在说这句话的时候，你可以先用平缓略低的声音说到"公司的"这三个字，然后稍作停顿，热情地大声说出"这款商品"。利用这种技巧你一定能够得到意想不到的效果。但需要注意的一点是，如果你整篇或者大部分篇幅都刻意延缓某些词句的速度，以突出这些或另外一些内容（这根据你的音调来决定），就会让人觉得非常厌烦，最终不堪忍受，如此便达不到你预期的效果。我们在说话时，需要明确这么一个目的：社交语言要简洁、精练，并尽可能地承载更多和更有用的信息。这样才能使你的表达节奏明快，使听众觉得你果断、直接并对说话内容进行肯定。如果空话连篇、言之无物，你的说话节奏必然拖沓，并且似乎很犹豫，好像在回避什么东西似的。

知道了这一点，那么就不难明白为什么有些人在表达自己观点的时候陈述得太多，而且持续的时间太长，结果反而不好。因此，为了使你的表达不拖泥带水，你最好确保自己的信息简短、直接。要想达到这一点，你可以采用下面的方法来安排你需要表达的信息：

一、表达的信息要直接

你需要尽快地直达主题，让对方快速地了解你所要表达的意思。但是很多人喜欢旁敲侧击，殊不知，这种做法容易分散对方的注意力。

二、用最简洁的词汇

对于你要陈述的重要观点，记住，词汇或句子越少越好。有这么一句老话"我问你几点钟，你不用告诉我表的工作原理"。

话虽如此，但是事实却并不是这样。明明可以用少数词句就可以表达清楚的观点，很多人总是喜欢用过多的词句，甚至堆砌故事、人物、数字来说明他的主题，导致对方不知道你到底想表达什么，因此你需要避免过多的修饰，它只会损害你的表达。

三、明确中心思想

你所说的话中，也许存在多个主题，这样的结果是什么呢？这将使你和对方的精力都被分散，实际上，你要把一个主题讲得很透彻都十分困难，所以更不可能把每个主题都讲透。如果坚持这样做，那么每个主题都只会浅尝辄止。

此外，很多人还喜欢注重细节的描述。这并没有错，但是你必须注意一个前提，即不能影响你主题的表达，如果你把精力和时间都放在这些细节中，那么，你的信息重点就会不清晰。千万不要期待对方花费更多的努力、精力或时间来分析解读你的观点，大多数人都不会这么做。所以，通过你的表达，让对方直接得到重要的信息，这才是最重要的。

第五节　多说良言，莫吐恶语
——交谈之美

我们在与别人交往的时候，假如所说的事情能够改变对方的心灵，那么，其结果也将改变以前的人际关系。听了这话，或许你会反驳说："难道所讲的事情都必须是好事？""难道跟每个人说话都一定要很客气吗？"其实，这种想法是过于幼稚的。

你所讲的事情与你讲话的方式，应该视与对方的交情深浅而变化。

这也是语言的技巧问题。有关措辞的使用，对于上级或不太亲近的人，要用敬语，对小孩就用简单直白的语言。也就是说，如果对任何一种人都用同样的措辞同样的口气说话，人家会认为你这个人有毛病。如果对方说出"千万别说那种见外的话，我们交往了多年，应该说是好朋友了"，说明你的措辞是不当的。

因此，正确的措辞和表达方式，是依靠彼此心里的亲疏而定的。不管何时，如果对任何人都以同样的方式进行交谈，总会发生矛盾。许多轻浮而善于逢迎的人多失败在这方面。是否能正确地衡量他人与自己的关系，取决于各人的能力，这也是为什么有教养的人说起话来总让人感到如沐春风的关键所在。

关键时要保持沉默

你觉得一个人多说话好呢？还是沉默好？以"说话是铁，沉默是金"的说法那便是沉默比话多好。人之言语即他行为的影子，我们常因言多而伤人。言语伤人，胜于刀枪，刀伤易愈，舌伤难痊。一个冷静的倾听者，不但到处受人欢迎，且会逐渐知道许多事情。而一个喋喋不休者，像一只漏水的船，每一个搭客都想赶快逃离它。同时，多说招怨，瞎说惹祸。正所谓言多必失，多言多败。只有沉默，才不至于被出卖。保持沉默便是小心误伤人。

我们可以说言语是能够反映人素质的东西，一个说话极随便的人，一定没有责任心。话多不如话少，话少不如话好，多言不如多知，即使千言万语，也不及一件事实留下的印象那么深刻。多言是虚浮的象征，因为口头慷慨的人，行动一定吝啬。有道德的人，绝不泛言；有信义者，必不多言；有才谋者，不必多言。多言取厌，虚言取薄，轻言取侮，唯有保持适当的缄默，才是聪明人的行为。我们说话绝对要适量，无把握的事不要乱开口，尤其当有比我们有经验或更了解的人在座。因为我们说多了，便是不打自招，揭露了自己的弱点。一个人说得少而且说得好，便可视为绅士。

那么，怎样做一个好的听者呢？

首先，要专注。别人和你谈话的时候，你的眼睛要注视着他，无论对你说话的人地位比你高或低，眼睛注视着对方是一件必要的事情，只有缺乏勇气或态度傲慢的人才不去正视别人。别人对你说话时，不可做着一些绝无必要的工作，这是不尊敬的表现，而且，当他偶然问你一些问题时，你就会因为不留心他所说的话而无所适从。

其次，聆听别人的话时，偶然回应一两句话是很好的，不完全明白时加上一个问话也是非常重要的，因为这样做表示对他的话留心，但不可把发言的机会抢过来，滔滔不绝地自己说；除非对方的话已告一段落，没有人开口了，你才可以把话接下去，或应该让你说话的时候才可以发表自己的言论。

另外，无论他人说什么话，最好不要过于随便地纠正他的错误，若因此而引起对方的反感，那么你就不是一个好的听者。如果要提出意见或批评，要讲究时机和态度，不要太莽撞，要讲究方式和方法。有些人常喜欢把一件已经对你说过好几次的事情再重复，这是深埋在心里最难忘的事情；或比较得意，令他高兴；或比较伤心，令他不快。也有些人会把一个笑话说了多次还当新鲜的东西，在这种情况下，作为一个听者的你，此时要练习一种倾听的美德，你不能对他说：这事你已经对我说过好几遍了，这样做会伤害他的尊严，你唯一应该做的事是耐心听下去，这时你心里应该明白他是一个记忆力不好的人，你应该同情他，而且他对你说时是表示对你的好感和信任。那么你应该同样用诚意来接受他的善意。但如果说话的人滔滔不绝，而你对此又毫无兴趣，觉得把时光和精力拿去应酬他十分不值得的时候，你应该用更好的方法来使他停止这乏味的谈话，但最重要的是不可伤害他的自尊。最好的方法是巧妙地引入别的话题，这个话题最好是他在行的或是喜欢的。

尽量不要说"废"话

在日常生活中，我们如果稍加留意，就会发现许多人在说话时都有一些毛病。虽然这些毛病不严重，但如果不加以注意，就会大大影响我们的谈话效果。

一般人在交谈中，常常容易出现以下几个方面的问题：

△用多余的套语。有些人喜欢在交谈中使用太多的或不必要的套语。例如，一些人喜欢什么地方都加上一句"自然啦"或"当然啦"一类词句；另一部分人喜欢加太多的"坦白地说""老实说"一类的套语；也有人喜欢老问别人"你明白什么？"或"你听清楚了么？"；还有的人喜欢说"你说是不是？"或"你觉得怎么样"，等等。像这一些毛病，你自己可能没有觉察到，要克服这类毛病，最好的办法是请你的朋友时刻提醒你。

△有杂音。有些人谈话本来很好，只是他在言语之间掺杂了许多无意义的杂音，如他们的鼻子总是一哼一哼地响着，或者是喉咙里好像老是不畅通似的，轻轻地咳着，又或者是在每句话开头用一个拖长的"唉"，像怕人听不清楚他的话似的。这些毛病，只要自己有决心，都是可以改正的。

△谚语太多。谚语本来是诙谐而有说服力的话，但用谚语太多，往往会给别人造成油腔滑调、哗众取宠的感觉，不仅无助于增强说服力，反而使听者觉得有累赘感。谚语只有在恰当的地方才能使谈话生动有力。在使用谚语时，我们应尽可能用得恰当。

△滥用流行的字句。某些流行的字句，也往往会被人不加选择地乱用一番。例如，"原子"这个词就被滥用了，什么东西都牵强加上"原子"，如"原子牙刷""原子字典"，使人感觉莫名其妙。

△特别爱用一个词。有些人不知是因为偷懒、不肯开动脑筋找更恰当的字眼，还是有其他方面的原因，特别喜欢用一个字或词来表达各种各样的意思，不管这个字或词本身是否有那么多的含义。例如，许多人喜欢用"伟大"这个词。在他的言谈中，什么东西都伟大起来了。"你真太伟大了""这盆花太伟大了""今天吃了一顿伟大的午饭""这批货物卖了一个伟大的价钱"等等，给别人一种华而不实的印象。因此，我们要尽可能地多掌握一些词汇，使自己的表达尽可能准确而又多样化。

△太琐碎。许多人在谈话过程中琐碎得令人讨厌。例如，讲述自己的经历本来是很容易讲得生动、精彩的，很多人也喜欢听别人

讲其亲身经历。但是，许多人讲自己经历的时候，一味地平铺直叙，觉得自己所经历的，样样都有味道，都有讲一讲的必要，结果反而使听者茫然无头绪，杂乱无章，索然无味。讲经历或故事，要善于抓重点，善于了解听者的兴趣放在哪一点上，少用对话。在重要的关节上讲得尽可能详细一些，其他不重要的事用一两句话交代过去就可以了。

除了上述六点之外，我们还应该注意自己在谈话中的声调、手势、面部表情等，努力使各个方面协调、得体。这样，我们就能大大增强自己说话的吸引力。

第六节　先扬后抑，委婉含蓄
——批评之美

切莫轻易指责别人

1863 年 7 月 1 日，美国南北战争中的葛底斯堡战役拉开帷幕。到了 7 月 4 日晚上，南方的李将军大败。林肯高兴极了，他意识到只要打败李将军的军队，战争很快就可以结束了。于是，他满怀希望地下了一道命令给前线的米地将军，要他立刻出击。但是，米地违背林肯的命令，他用尽了各种借口，拒绝攻打李将军。最后，李将军和军队越过波多络河，顺利南逃。

林肯勃然大怒，极端失望之余，他坐下来给米地写了一封信，信中表达了他内心的极端不满。林肯有一段话是这么写的：

"亲爱的将军，我不相信你对李将军逃走一事会深感不幸。他就在我们伸手可及之处，而且，只要他被俘虏，加上我们最近获得的胜利，战争即可结束。现在，战争势必延续下去，上星期一你不能顺利抓住李将军，如今他逃到波多络河之南，你又如何能保证成功呢？期盼你会成功是不明智的，而我也并不期盼你现在会做得更好。良机一去不复返，我实在深感遗憾。"

信写完了，但林肯没有急于寄出去，他望着窗外，心里思绪万千："慢着，也许我不该这么性急。坐在安静的白宫里发号施令很容易，如果我身在葛底斯堡，像米地一样每天看见许多人流血，听到许多伤兵哀号，也许就不会急着要攻打敌人了。如果我的个性像米地一样畏缩，大概也会做同样的决定吧！无论如何，现在木已成舟，把这封信寄出，除了让我一时觉得痛快以外，没有别的用处。米地会为自己辩解，会反过来攻击我，这只会使大家都不痛快，甚至损及他的前途，或逼他离开军队而已。"

于是，林肯把信搁到一边，惨痛的经验告诉他，尖锐的批评和攻击，所得的效果都等于零。相反，努力去理解对方的用意，结局会好一些。

记住，别人也许全错了，但他本人并不一定意识到这一点。不要去责备他，那样做太愚蠢了。应该试着去了解别人，这样才是聪明的人。别人之所以那么想，一定有他的原因。找出那个隐藏着的原因，那你就拥有了解释他行为或者个性的钥匙。试试看，真诚地使自己置身于别人的处境里。如果你总能对自己说："我要是处在他的情况下，会有什么感觉？会有什么反应？"那你就能节约不少时间，免去许多苦恼。因为"若对原因感兴趣，我们就不大会讨厌结果"。

在我国的文学史上，有一个"苏东坡错改王安石菊花诗"的故事。

有一次，苏东坡去拜访王安石，未遇王安石，却见其书桌砚台底下压着一首未写完的诗："西风昨夜过园林，吹落黄花满地金。"苏东坡看罢心想"只有秋天才刮金风，金风起处，群芳尽落，但菊花有傲霜之骨，怎么花瓣飘落呢？王公真是'江郎才尽'，铸成大错啊！"于是，他一思忖挥笔续诗："秋花不比春花落，说与诗人仔细吟。"便拂袖而去。时隔不久，一日苏东坡与好友陈季常到后花园赏菊饮酒。这天正是刮了几天大风之后，园中十几株菊花枝上一朵花也没有了，只见满地铺金，落英缤纷。苏东坡一时瞠目结舌，感慨万分。他对友人说，这事给他的教训太深了，今后凡事要谦虚谨慎，千万不可自恃聪明，随便讥笑别人。后来，他主动向王安石"负荆请罪"，承认错误。由于他勇于承认自己的过错，王安石也对他消除了隔阂。

苏东坡自恃聪明，随便讥笑别人，结果造成了错误，这是可以引以为鉴的。

讲究说话的方式并不是提倡大家一团和气，不能开展任何形式的批评，而是讲话要注意方式方法，不能随心所欲地指责人。当我们自己犯了错误时，一般来说我们会对自己承认，如果别人以温和的方法来处理，采取适当的方式向我们指出，我们亦会对他们认错，甚至觉得爽直坦白是光荣的。但别人若硬将不能吃的食物往我们口中塞，随意对我们过分地指责，我们也是绝不会接纳的。我们自己是这样，别人更是如此。

纠正他人错误的方法

常言道："人非圣贤，孰能无过？"人都免不了会犯这样那样的错误，且人们犯了错误都很难及时醒悟，甚至不愿承认。这样，就有必要对他人的错误及时给予纠正，但是，如果不能合理地纠正他人的错误，将会收到费力不讨好的后果。

小黄刚到公司上班的第一天，晚上加完班，老板提出，为了犒劳大家，请大家去唱卡拉OK，小黄和部门同事兴高采烈地接受了邀请。进了包房，小黄很自然地在离自己最近的一个沙发坐下。老板进来后，发现沙发已经被坐满了，就顺势坐在小黄身边的一个椅子上。

过了半个小时，老板离开了。小黄万万没想到，老板一走，其乐融融的气氛大变，室温仿佛骤然下降了十几度。一个男同事语气激动地指责小黄："你这人怎么这么没眼色？老板坐在你旁边，都不知道让个座？真是太不懂事了！"

从小到大，小黄从没被人这么大声训斥过，尤其还是当着全体同事及KTV服务生的面。她的脸一下子红到了脖子根，委屈的眼泪也忍不住在眼眶里打转转，心中不禁无限懊恼："啊，自己怎么就缺根筋呢？老板以后会怎么看自己？"

这位男同事的初衷可能是想教小黄在职场上如何做人，但说话方式不太恰当，不仅让小黄尴尬，也破坏了当时的气氛。其实，如果早先他主动给老板让座，别人看在眼里，自然能心领神会，效果不是更好？

并不是每个人始终都能很乐意倾听他人的批评、接受他人的批评。有的人做错了事，不但不会坦然地承认，反而还会找出种种理由为自己的错误辩护。从人的心理来看，即使是极小的疏忽或错误，也不可能每个人都能在一经指正之后就坦率地、不作解释地承认。但是，现实生活中，无论父子、兄弟、上下级、同事，还是知己、朋友，做到绝对不批评别人是不可能的，也是行不通的。

那么，在纠正他人的错误时应该采取什么样的易于被对方接受的说话方式呢？以下方法可供参考：

◇对人要有极大的同情心，这样我们就不会对人吹毛求疵，反而会对其产生错误的原因加以谅解。并且，我们要时刻想着自己与对方是站在一边的，而不是和他敌对的。

◇说话要温和委婉，不可用刺激的或使人听了不舒服的字眼。如果劝说的语言令人无法忍受，那么即使对方嘴上承认，心里也是不会服气的。

◇纠正他人错误的言语越少越好，最好能用一两句话就使对方明白，然后转至其他话题，不可啰唆不绝，使对方陷于窘境，甚至产生反感。

◇别人做错了事情，我们对其不妥之处固然须加以指出，但对其可取之处更须加以极大的赞扬。这能使对方保持心理平衡，心悦诚服。

　　◇改变他人的意见时，最好能设法将自己的意见不知不觉地移植给他，使他认为是自己改正了错误，而不是接受了我们的批评。

　　◇对于别人出现的不可挽回的过失，我们应该站在朋友的立场上，给予恳切正确的指正，使他知过而改，而不能对之施以严厉的责问。

　　◇纠正别人过错时，切忌采用命令的口吻，最好采用请教式的语气。

　　◇旁敲侧击，隐晦地指出别人的错误，以保留对方的自尊心，使他自觉地改正过失。

　　当然，纠正错误的方法是多种多样的，但都不外乎是讲究策略，只要我们做到了这一点，就能成功。

第 2 章

举手投足间的无形语言——美的体态

优美的体态，即良好的身体姿态，是形体美的重要因素之一。一个人必须保持一个正确而优美的身体姿态，配上一身结实、丰满发达的肌肉，凡能显示出形体潇洒的风度，才能体现出一副健美的体型。

第一节　阳刚挺拔，亭亭玉立
——站姿之美

站立是人们生活中一种最基本的举止。站姿是人静态的造型动作，优美、典雅的站姿是发展人的不同的动态美的基础和起点。优美的站姿能显示个人的自信，衬托出美好的气质和风度，会给人留下美好的印象。

站姿，又称立姿和站相，指的是人在站立时所呈现出来的具体姿态。古人云：站如松，坐如钟，行如风。站立的姿态是一个人仪态的基础，是发展人不同质感美，动态美的起点，能衬托出一个人美好的气质与风度。

对生活中的每一个人来说，有时一两次的站姿能留给人深刻的印象，但要做到一年如一日，日日如此，这似乎就有点儿困难了。不过只要你养成了这个习惯，就会感觉很容易了。要想养成这样的好习惯，就要从眼下抓起，特别是在年轻时培养。

对于几种站姿的定义

这里所讲的站姿主要分为三种，即基本站姿、背手站姿和背垂手站姿。

基本站姿就像在参加军训时一样，从正面观看，全身笔直，精神饱满，两眼正视。两肩平齐，两臂自然下垂，两脚跟并拢，两脚尖张开60°，身体重心落于两腿正中，整个身体庄重挺拔。采取这种站姿，会使人看起来稳重、大方、俊美。

背手站姿即双手在背后交叉，右手放在左手外面，贴于两臂间。脚可以分开，也可以并拢。分开时，不得超过肩宽，脚尖展开，两脚夹角成60°，挺胸立腰，收颌收腹，双目平视。这种站姿优美中略带有威严，易产生距离感。一般门卫和保卫人员采取这种站姿。

背垂手站姿即一手背在后面，贴于臀部。另一手自然下垂，手指自然弯曲，中指对准裤缝，两脚可以并拢也可以分开或呈小丁字步。这种站姿若在生活中适当地运用，则会给人们挺拔俊美、庄重大方、舒展优美、精力充沛的感觉。

参加活动时你的站立美

在参加一些十分隆重的活动时，你要站得更加庄重，符合活动的氛围。这个时候你可以采取一个标准的站姿：

▲身体挺拔，抬头，头顶上悬，脖颈挺直；

▲微收下颌双目平视，头和下巴成直线，下巴和地平行；

▲双肩放松，稍向下压，双臂自然垂于体侧；

▲脊椎、后背挺直，胸向前上方挺起；

▲两腿并拢立直，膝和脚跟靠紧。

站姿是一个人修养、职业化的真实写照，站姿端正挺拔，直接显示你的自信，象征着一个人的修养和素质。好的站姿，可以让身体各个关节的受力比较平均，不会特别弯曲、让某些特定的关节承担大部分的重量。而且当抬头挺胸时，胸口会变得开阔，呼吸也会顺畅，身体得到足够的氧气，精神、注意力都会比较容易集中。所以说好的体态，不是只为了美观而已，对于健康，高效工作也是非常重要。

青少年从现在开始就要养成良好的站立习惯，好的站姿不仅能让你得到身边人的赞扬，而且还会改善你的精神面貌，提高学习和办事的效率。更为重要的一点是，作为祖国的未来，你们将以飒爽的面貌屹立于世界的舞台，向世人展示祖国礼仪之邦的风采。

第二节　挺胸收腹，规矩端正
——坐姿之美

在中华民族的礼仪要求中，"站有站相，坐有坐相"是对一个人行为举止最基本的要求。

坐姿主要是指就座时的姿势和坐定后的姿势。一般而言，我们入座时讲究轻而缓，就是说要轻稳地坐下，不应该发出叮叮当当、撞击椅子的嘈杂声，否则是对别人的不尊重。对男士和女士的坐姿也有不同的要求。比如，女士就座应该注意用手把裙子向前稍微拢一下，避免有不雅的行为。坐定后，上身应该保持挺直，头部要端正，目光平视前方或者交谈对方，腰背稍靠椅背。在正式的场合要求会更严一些，比如有长辈就座，就要求不应坐满座位，一般只坐座位的 2 / 3。不过对于现代社会而言，后者的要求已经没有那么苛刻了。

不要"坐"以待毙

无论哪一种坐姿，都要自然放松，面带微笑。尤其要注意的是在公众场合，千万不要仰头靠在座位背上或低着头只注视地面，也不要前俯后仰。女生更要注意不要双腿大敞，不停地抖动。因为这些习惯不仅会使你的形象大打折扣，也会让人对你的品德产生怀疑。

"一个人20年前的生活方式，决定其20年后的身体状况。"英国《自然》杂志近日发表文章称，未来10年，全球将有3.88亿人死于不良生活方式引发的慢性疾病，其中，久坐更被世界卫生组织列为十大健康杀手之一。现代社会的人们，每天都至少要坐 8 小时以上！为了健康，我们再也不能"坐"以待毙！

一、许多人在电脑前的坐姿都是错误的：弯着背、伸着脖子看显示器，一坐好几个小时。这会导致颈椎、肩膀前屈，诱发严重的腰、背、颈椎疼痛。

正确姿势：

使用可调校座椅，适当调校以配合自己的身形。

站立时，座位最高点刚好在膝盖下；坐下时，座位的边缘和腿后部留有一个拳头的空间；椅背平稳地支撑腰部；调整座椅高度，办公桌高度和手肘成一直线。

工作时，头部保持向下微倾，约 10-20 度。

腰部保持直立，靠紧椅背，必要时可用软垫支撑腰部，减少肌肉疲劳。

使用电脑时要注意：手肘弯曲约成直角；桌面有足够空间供手腕及前臂承托，否则座椅必须装有扶手；使用键盘及鼠标时保持手腕平直；眼睛与屏幕保持约 35-60 厘米的距离。

二、下班回家，懒洋洋地窝在沙发里看电视，身体看似得到放松，其实这样不仅挤压内脏的生存空间，还易导致腰肌劳损。

正确姿势：

选择稍微高一点、硬一点的沙发。如果沙发太软，可以加个坐垫；如果座位太深，不妨在腰后放一个腰背枕，一定要确保腰背直立、服帖。

上身基本挺直，胸部离开书桌 10 厘米，使胸背肌张力均衡，这样能轻微地刺激大脑兴奋，对解除胸部疲劳，提高伏案工作效率有益处。适当做一些扩胸、深呼吸和甩手、转腕等运动。

若长期驼背会造成骨骼变形，产生脊椎软骨磨损、压迫神经的情形。平时尽量不要坐太软的沙发，坐椅子也只坐 1/3，以保持背部不驼背。使用有调整脊椎作用的靠垫也能很好地支撑在背部的几个支点，让后背挺直，减少赘肉生成。

运动健将不一定是健身房中的 VIP，还可以是大甩手、跨大步迈出地铁站的"走班族"；有效的减肥秘籍不一定就是气喘吁吁地跑步，还可以是"三步一呼"的节奏健走。健走作为一种可以长久坚持的运动，比散步有效，比慢跑安全，现在正在越来越多的国家风行。

最平凡的作为，常常有最不凡的效果。健走可以增加人体的心肺功能，解除紧张、控制体重。每天坚持行走可以有助于胃肠蠕动，减低食欲。治疗酸痛肩颈最有效治疗的方式就是健走，因为健走必须抬头挺胸、双臂大幅摆动、大跨步前进，自然拉直背肌。

三、弓背、含胸会让赘肉堆积在腰部，久了就会出现"救生圈"。

正确坐姿是，坐凳子外侧 1/3 位置，两脚自然并拢，大腿与身体的角度要小于 90 度，收小腹。小腿向上抬起，使腹部有紧绷感，坚持两秒，然后还原，重复多次。

◇坐在椅子上，伸直双腿，让脚与地面保持一定距离，腿部抬得越高越好。此时脚尖要伸直，保持这个姿势 5 秒钟。

◇将脚尖收回改为勾脚的姿势，让脚后跟和小腿肚的筋伸展开，保持 5 秒钟。

◇用脚踝的力量旋转双脚，同时可以拉紧小腿肚的肌肉。

在亲戚朋友的眼里，吴海涛是一个没有礼貌的孩子。每次和父母到亲戚家串门，他总会让父母尴尬。比如，主人让他们随便坐，吴海涛真的随便起来。宽宽的沙发，他一个人斜躺在沙发上面，把别人挤在沙发脚上；坐在椅子上时，把腿翘起来斜靠在椅背上；碰到没有椅背的椅子，他就弓着腰，双手撑在椅子的前方，上身好像要塌下去了一样。每到这时，父母就会提醒他："海涛，坐好点，像什么样子？"而主人总是强颜欢笑地说："没关系的，孩子嘛，随他吧。"这时，吴海涛还会笑着说："就是嘛，这样坐舒服，怎么舒服怎么坐呗。"长期不良的坐姿使吴海涛变得弯腰驼背，才上初一的他就像个老头一样，给人萎靡不振的感觉。

生活中，大人们常说"坐没坐相"，说的就是不良的坐姿。它不但给人缺乏礼貌和教养的印象，还会影响身体健康。因此，应该从小保持优雅的坐姿，那样你就能展现出端正、文雅、得体、大方的个人形象，让自己变得更受欢迎。

坐有坐相，正确的坐姿的要求

据说，有一次，孟子的妻子独自跪坐在地上，两腿发麻，她想：反正没有人，就放松一下吧。于是她就将腿向前伸了伸，不料这个举动正好被进屋的孟子看到了。孟子对妻子说："妇无礼。"妻子连忙把腿缩了回来，小声地说："以后再也不会犯了。"

由此可以看出，古人以前对坐姿的要求是多么严格。一般来讲，他们是席地而坐的，双腿着地，屁股坐在脚后跟上。跪与坐的区别就是屁股是抬起来还是落下去的。古人的坐法与现在日本人的坐法差不多。保持正确而优美的坐姿，不仅有利于身体的正常发育，而且在社交场合也是文明礼貌的表现。

在现代社会，怎样的坐姿比较合适得体呢？

◇落座时，应以礼为先，不可抢在客人、长辈、女孩之前入座。坐下来的时候，不要"大起大落"，不要因此发出令人心烦的声音。对男孩子来说，不要席地而坐。如果女孩子穿着裙子，在落座时，需要先大方地用手将裙子的后片向前拉一下，但不宜将裙子下摆东撩西扇，也不要当众整理服饰。

◇坐的时候，上身应当挺直，并目视交往对象。双手可十指交叉，平放在腿上、桌子上，也可以用一只手搭在另一只手的手背上，然后再将它们放在腿上或桌子上。

◇坐定之后，可慢慢调整一下自己的姿势。如果你不是一个人，请不要将椅面坐满，也不要仰在椅背上。在他人面前，不"满座"，是谦恭的表示；而不靠椅背，也是不想给人以"正在休息"之感。坐定之后的脚位，一般与腿位有关。重要的是不要让它四处乱伸，东躲西藏，或是乱抖不止，更不要翘起"二郎腿"。

◇如果和他人坐在一起讨论，双手应放在桌上。不要手在桌下乱摸，插在衣袋里，玩弄笔和纸；或是十指交叉后，以双肘支在桌面上。面对异性时，要注意不要双手托腮。也不要双臂抱于胸前，或是抱在脑后；也不要故作"若有所思"状，时不时地以手指敲打桌面或椅子的扶手。

有的人坐的时候，喜欢将双手"平均使用"，一条腿上各放一只手，有的人喜欢将双手夹在大腿之间，有的人喜欢抚弄小腿、鞋袜，甚至去挠痒。这些动作都是不礼貌的，有失体态。

◇离开座椅时，如果身边有人在座，应该礼貌向对方示意，随后再站起身来。如果与他人同时离座，要注意先后顺序。一般要让长辈、客人、女性先行。离座的动作要轻缓，不要"拖泥带水"，弄响座椅，或将椅垫弄掉。

优雅的坐姿传递着自信、友好、热情的信息，同时也显示出高雅庄重的良好风范，因此，你应该从小养成良好的坐姿，做一个有"坐相"的青少年。

第三节　健步如飞，轻盈自然
——走姿之美

走姿就是人在行走时的姿势、体态。虽然走姿不像站姿和坐姿那样有严格的礼仪规范。但男孩子也应该有意识地使自己的走姿看上去潇洒、稳健、文雅、持重，女孩子应该使自己的走姿看上去优美、温柔、贤淑。

古语说，"行如风"。中国古代既重坐相也重走相，甚至从姿势和速度上对行走进行了分类："足进为行，徐行为步，疾行为趋，疾趋为走。"同时，不同场合采用不同走相，才符合礼貌的要求。有所谓"室中之时，堂上之行，堂下之步，门外之趋，中庭之走，大路之奔"。"趋"是快步行走，是中国古代对尊、长、贵、宾者表示尊敬的一种行走的式样。

"走"出自信来

现今人际交往场合中，同样要求走姿自信。最能够也是最常表现人的精神面貌的姿态当属走姿。由走姿别人可以了解你的状态是否积极或热情。

走，同坐、站一样，是与仪态美密切相关的。人们的走路姿势各有不同，有的步伐矫健、动作敏捷、给人以健壮、活泼、精神抖擞之感；有的步态轻盈、体态端庄，使人感到斯文、优美而庄重；有的则相反，走起路来上下摆动，左右摇晃。眼若鼠目，左顾右盼，给人以庸俗、轻薄、猥琐的感觉；有的弓腰腆肚，两手在身后像鸭子一样划来划去；有的俯首驼背，八字脚、罗圈腿，使人看了不舒服。

良好的步态，应该是自如、轻盈、矫健、敏捷。那么，良好的步态是怎样形成呢？

一、要掌握好适当的速度

走路，是节奏美的体现。我们知道，客观事物的反复或相似的等时空出现，就可以获得节奏。人的双脚一前一后地反复出现，就可以给人以节奏的美感。走路时，速度不可太快或太慢（散步除外），太快，就形成"碎步"，这种步子会使全身出现摇摆，尤其以女性更为显著。身体的前后摆动太大，或周身肌肉的抖动太大，都会使人的空间视觉形象失去平衡；太慢也不好，那会使你全身肌肉出现松弛，从而失去行走的节奏与力度，给人一种疏懒与精神不振的感觉，更谈不上和谐美感。

二、要注意重心的稳定

走路时，应微微收腹。收腹与挺胸的动作是自然连在一起的，只有当人体的重心略微向前靠，使其正好落在脊柱的前方，才能在心理上产生一种前进感。走路时，应抬头挺胸，不要向后仰。上半身应保持相对的稳定，不要左右摇摆。手的摆动幅度也应与速度相宜，如果头前倾或后仰，身体左右摆动过大，手的摆动幅度过大等，就可能造成"重心位移"，走路的姿态变成摇摇摆摆，很不稳定。

美学与人生——靓丽人生的风景

三、　步态要轻

走路轻巧，一是给人以敏捷之感，二是给人以轻松的感觉。轻巧当然要依靠全身动作的协调。获得轻巧感，走路时需用腰力，同时，走路时脚与腿的配合十分重要，千万不要用大腿迈步而是要用小腿迈步。即走路时大腿之间的幅度不宜太大，如果幅度太大，就会造成上半身向后倾斜，加大了全身的摆动，让人觉得"很吃力"，小腿迈步则显得很轻盈。走路时，切莫让脚跟先触地成全脚落地，而应该是放脚掌先落地，然后脚后跟触地。从美学的角度讲，前脚掌先触地，能减少全身的摆动与颠簸，给人一种轻巧感。

四、减小扭动幅度

因为臀部向左右过大的扭动，与走路的前进感恰恰构成了心理上的"异向差"，从而肢解了人体走路时的和谐美感。因此，多余的、矫揉造作的动作，都会影响步态的优美。

一个人良好的站态、行态、坐态，是人的自然形体在空间的形象显现。如果我们把一个人出现频率很高的形体动作"筛选"出来，那么，这些具有连续性与稳定性的动作，就在一定程度上反映了这个人的风度。

正确的走路姿势

采取正确的走路姿势为上体伸直，身体的任何部位都不要过于用力，心情舒畅，步伐轻松，飒爽英姿。说起来容易，做起来难。下面将正确走法归纳为五个要点。重要的是五个方面的动作要协调成一个动作。五个动作作为一个整体，形成"走"这个动作。最基本的是腰要伸展，腰若弯，就不能恰当地支撑体重，上体也不能直立。其他五个要点是由此派生出来的。

一、　上体伸展

上体笔直，下巴前伸，高抬头，两肩向后舒展。这样，脊柱伸直，轻微呼吸时，腹部稍有起伏。

用这种姿势走，你会觉得是用胸走、用腰走。因为走的时候，胸和腰稍向前突出。这种姿势与那种直通通像个棍似的直立姿势不同，它要求上体稍向前倾，走起来飒飒有声。这样走，不但看起来好看，还有一定道理。首先，下巴突出、抬高头，气力充实。这时就像头顶有根绳吊着上体似的，会使人专心致志，思想集中在一点上，精力自然旺盛。其次，两肩向后拉，肺部可以吸入更多的空气。由此点出发，可以看出走是一项可持续时间长的运动，这么说毫无勉强，由于两肩向后拉，两手才可大幅度摆动。需要指出，即使说两肩向后拉，也不要有意用力向后拉，而是自然向后。脊柱伸直后，就可调整全身的姿势，并使身体维持平稳。无论用多大劲走，都要采用这种姿势。轻微呼吸时，腹部略有起伏。这说明腹部处于轻度紧张状态。这样可减轻腹腔内的脏器对腰的负担。最后一点，在走时胸和腰感到位置稍微提向前方。这样有利于迈大步，而且腿部有从后面反弹过来的感觉。这种姿势走起来很帅，易于坚持。

二、伸直膝盖

展开膝盖，并非僵硬、不灵活，而是使伸直的膝盖在不受力的情况下行走。膝关节伸直了，步伐变大。大步走必须伸直膝盖。至于步幅到底多大，应使你觉得舒服为好。

伸直膝盖有个窍门。伸直膝盖走时，上体稍向前倾，好像要倒下来似的。后腿蹬，这样前腿膝盖自然伸直，步子也迈得大了。此外前脚向前迈出时，同一侧腰也好像向前运动，腰与腿要有效配合。走的时候要大腿带动小腿，膝伸直，步幅也就大了。

膝盖伸展开，上体自然保持端正，速度也出得来。这就是伸直膝盖的理由。如果走的时候膝盖是弯曲的，腿只有一部分肌肉起作用，这样易觉疲劳，腿部很快会没劲儿。

三、脚跟先着地，再将身体重心移到脚尖

前脚着地时，脚跟先着地，身体重心落在脚跟上。然后，身体重心由脚跟通过脚掌向脚尖方向"滚转"，最后到达脚尖。实际上，有人走路时，身体重心是由脚跟马上移到脚尖。也有人用脚尖着地，这么走，属芭蕾舞等特殊情况。关于身体重心从脚跟到脚尖的滚转有几点值得注意。首先脚跟着地，不等于脚跟承受全部体重，也不意味着脚跟使劲儿踏地。

行走时，不抬胯，后腿膝关节弯曲，然后向前自然摆出。这样，只有前脚脚跟着地。抬高大腿的"高抬腿"走，消耗的能量太多，不属于现在提倡的自然走法。需强调的是，脚跟不承受全部体重，身体重心移动是流畅地在整个脚底下进行。前脚着地瞬间，后脚尖同时蹬出。身体重心移动是顺理成章的事。

因此，支撑体重的点不是脚跟，而是后脚大拇脚趾趾根附近区域。

四、脚向正前方迈

上体伸展，膝盖伸直，走起来脚自然向前迈。在这个过程中，关键是后腿要伸直。腿伸直，膝盖伸直，前脚自然向正前方迈。前脚向正前方迈出，脚的内侧足迹形成一条直线。一般人们总觉得脚尖多少有点向外撇。有时为追求速度，向外撇点很有必要。有的人慢步时也脚尖外撇，俗称"八字脚"，这样走较稳定。前脚向正前方踏出的动作和后脚重心转移是有一定关系的，当脚跟着地，身体重心在整个脚掌上滚动，由脚跟移向脚尖，后脚以第一、第二和第三脚趾为中心踢出，形成前脚向正前方踏出的动作。

脚掌的其余部分发挥弹力的作用，使步行圆滑、流畅。步子迈大了，你就能掌握昂首挺胸，有韵律走的要领了。顺便说一下"螃蟹步"的走法。这是脚尖向外撇，脚跟外侧着地，大拇脚趾内侧踢地。此外，它的特征是弯腰、屈膝、驼背，并且脚不向正前方迈。

五、摆胳膊

摆胳膊对走也很重要，时常会看到一些人，走路时，两手插在衣袋里，这种走法不对。这样走两肩收拢，走起来松松垮垮。胳膊摆得好坏，还要看手与脚的动作是否同步。因为在走这个动作中，手与脚，或者说胳膊与腿有密切关系。胳膊与腿的动作也是相互关联的，右脚向前迈出，左手向前摆。其中，特别是当膝盖伸直，脚向正前方迈时，与脚的动作相对应，胳膊自然摆出。如果摆的比肩还宽，膝盖易弯曲。摆动时，大拇手指似触非触衣服为佳，在不受力的状态下，胳膊摆动时，肘部自然伸与折。

最近美国流行一种训练方式，叫作"运动式走"。这股风也传到了日本。其特点是胳膊要摆到90度，臀部也要左右摆动，精神要饱满。事实上，胳膊的摆度还是自然一些比较好。美国的"运动式走"可能适宜训练，但人为因素较多。姑且不论它在平地有何利弊，起码这种走法不是到处可行的。因而，还是把胳膊自然地甩起来吧。

以上把正确走的动作分解成五个方面，并逐一加以说明，如果想要拥有良好的走路姿势，关键就在于把五个动作集中统一成一个走的动作，按此说明去走，就会走得正确，走得美，走出自己的自信和风采。

第四节　心有所思，手有所指
——手势之美

手势是人们交往时不可缺少的动作，是最有表现力的一种"体态语言"，俗话说："心有所思，手有所指。"手的魅力并不亚于眼睛，甚至可以说手就是人的第二双眼睛。手势表现的含义非常丰富，表达的感情也非常微妙复杂。如招手致意，挥手告别，拍手称赞，拱手致谢，举手赞同，摆手拒绝。手抚是爱，手指是怒，手搂是亲，手捧是敬，手遮是羞，等等。手势的含义，或是发出信息，或是表达感情，能够恰当地运用手势表情达意，会为交际形象加分。

身体语言在人类沟通和交流中发挥着重要作用，身体语言的一大特点是具有很强的感染和传播性。其实，人类大多基本交流讯号是全世界通用的，比如高兴时会微笑，悲伤时会皱眉头；点头表示赞同，摇头表示否定。还有一些特定手势也有广泛的通用性，比如"OK"手势。研究者多认为这种手势源于十九世纪初美国报界刮起的一股以大写字母代表词组的风潮，之后这一手势在美国风靡。

常用礼仪手势

　　手势属于体语，是人类交流的特殊方式。由于手势直接表达的方式和丰富的表现力，因而在人际交往中被广泛使用。恰当地运用手势，能够交流思想，沟通感情，表现独特性格，展示形象风度。相反，倘若错误地运用或滥用手势，将会招来很大的麻烦。

　　手势因国家地区和民族传统、文化背景以及礼仪习俗的迥异而不同。即使相同的手势，含义也千差万别，有的甚至大相径庭。仅以手势中的竖起大拇指，其余四指握拢为例，在中国表示顺利或夸奖别人；在美国和欧洲部分地区，表示需要搭便车；在德国表示数字"1"；在日本表示数字"5"；在澳大利亚代表骂人的话。因此我们要慎重使用手势。

　　我国常用的礼仪手势主要有以下几种：

　　◆横摆式。以右手为例：将五指伸直并拢，手心不要凹陷，手与地面呈 45 度角，手心向斜上方。腕关节微屈，腕关节要低于肘关节。动作时，手从腹前抬起，至横膈膜处，然后，以肘关节为轴向右摆动，到身体右侧稍前的地方停住。同时，双脚形成右丁字步，左手下垂，目视来宾，面带微笑。这是迎宾式常用的谦让礼的姿势。

　　◆曲臂式。当一只手拿着东西，扶着电梯门或房门，同时要做出"请"的手势时，可采用曲臂手势。以右手为例：五指伸直并拢，从身体的侧前方，向上抬起，至上臂离开身体的高度，然后以肘关节为轴，手臂由体侧向体前摆动，摆到手与身体相距 20 厘米处停止，面向右侧，目视来宾。

　　◆斜下式。请来宾入座时，手势要斜向下方。首先用双手将椅子向后拉开，然后，一只手曲臂由前抬起，再以肘关节为轴，前臂由上向下摆动，使手臂向下成一斜线，并微笑点头示意来宾。

另外还有一些手势语言也很常用，了解这些能够丰富我们的见识，便于与他人沟通。要付账的时候用右手拇指、食指和中指在空中捏在一起或在另一只手上做出写字的样子，这是表示在饭馆要付账的手势；表示赞同、赞许手势语言为向上翘起拇指。表示动脑筋、机敏一点的手势语言，就是用手指点自己的太阳穴。如果向人招手、向远距离的人打招呼时，要伸出右手，右胳膊伸直高举，掌心朝着对方轻轻摆动，另外要记得，不可以向上级和长辈招手。

运用手势礼仪应注意的问题

手势是一种无声的语言，如果使用得当，能够完美地丰富人的表情。怎样的手势才算美呢？首先应该简洁明了。手势宜少不宜多，而且要和口头语言相辉映。过多、过滥的手势，只能说明一个人的浅薄和无知。其次要幅度适度。除非演讲等表演场合，手势的活动限度要大小适度。幅度太大，会给人做作的感觉；幅度太小，使人觉得拘谨。接着要动静结合。如果没必要，不要使用手势。静态的手势仍然可以表述人的感情。不要做一些无意识或下意识的手势，这很不雅观。手势的美只有静动的交替和恰当的搭配才给人美感。最后，也是最重要的是自然亲切。不要刻意模仿别人的动作，一个人的手势是表情美的有机组成部分，对某人来说是美的，硬移到自己身上就不一定得体，反而容易肢解了原本完整的和谐形象。

如果将这些礼仪分条列项的介绍，你也许会更明了一些：

◇在交往中，手势不宜过多，动作不宜过大，切忌"指手画脚"和"手舞足蹈"。

◇打招呼、致意、告别、欢呼、鼓掌属于手势范围，应该注意其幅度大小、速度的快慢、时间的长短，不可过度。鼓掌是表示欢迎、祝贺、赞许、致谢等的礼貌举止。鼓掌的标准动作应该是用右手掌轻拍左手掌的掌心，鼓掌时不应戴手套，宜自然，切忌为掌声大而使劲鼓掌，应随自然终止。

　　◇在任何情况下都不要用大拇指指自己的鼻尖和用手指指点他人。谈到自己时应用手掌轻按自己的左胸，那样会显得端庄、大方、可信。用手指指点他人的手势是不礼貌的。

　　◇一般认为，掌心向上的手势有诚恳、尊重他人的含义；掌心向下的手势意味着不够坦率缺乏诚意等。攥紧拳头暗示进攻和自卫，也表示愤怒。伸出手指点，是要引起他人的注意，含有教训人的意味。因此，在介绍某人、为某人引路指示方向、请人做某事时，应该掌心向上，以肘关节为轴，上身稍向前倾，以示尊敬。这种手势被认为是诚恳、恭敬、有礼貌的。

　　◇有些手势在使用时应注意区域和各国不同习惯，不可以乱用。因为各地习俗迥异，相同的手势表达的意思不仅有所不同，而且有的大相径庭。

一般而言，手势由进行速度、活动范围和空间轨迹三个部分构成。在人际交往中，主要被用以发挥表示形象、传达感情两个方面的作用，基本手势有：

垂放是最基本的手姿。做法有两种：一是双手自然下垂，掌心向内，叠放或相握于腹前；二是双手伸直下垂，掌心向内，分别贴放于大腿外侧。

背手多见于站立、行走时。做法为：双臂伸到身后，双手相握，同时昂首挺胸。

持物即用手拿东西。可用一只手，也可用双手，拿东西时要动作自然，五指并拢，用力均匀，不要跷起无名指与小指，以避免作态之嫌。

鼓掌是表示欢迎、祝贺、支持的一种手姿。做法为：右手掌心向下，有节奏地拍击掌心向上的左掌。必要时，应起身站立。

夸奖主要用以表扬他人。做法为：伸出右手，跷起拇指，指尖向上，指腹面向被夸奖的人。将右手拇指竖起来反向指向别人，就意味着自大或藐视。将拇指指向自己的鼻尖，就是自高自大、不可一世的意思。

指示是用以引导来宾、指示方向的手姿。做法为：以右手或左手抬至一定高度，五指并拢，掌心向上，以肘部为轴，朝一定方向伸出手臂。

在不同国家、不同地区、不同民族，由于文化习俗的不同，手势的含义也有很多差别，甚至同一手势表达的含义也不相同。所以，手势的运用只有合乎规范，才不至于无事生非 。掌心向下的招手动作，在中国主要是招呼别人过来，在美国则是叫狗过来。

翘起大拇指，一般都表示顺利或夸奖别人。但拇指翘起来反向指向第三者，即以拇指指腹的反面指向除交谈对象外的另一人，是对第三者的嘲讽。

OK 手势。拇指、食指相接成环形，其余三指伸直，掌心向外。OK 手势源于美国，在美国表示"同意""顺利""很好"的意思；而法国表示"零"或"毫无价值"；在日本是表示"钱"；在泰国它表示"没问题"；在巴西是表示粗俗下流。

V 形手势。这种手势是二战时的英国首相丘吉尔首最先使用的，现在已传遍世界，是表示"胜利"。如果掌心向内，就变成骂人的手势了。

举手致意。也叫作挥手致意。用来向他人表示问候、致敬、感谢。当你看见熟悉的人，又无暇分身的时候，就举手致意，可以立即消除对方的被冷落感。要掌心向外，面对对方，指尖朝向上方。千万不要忘记伸开手掌。

与人握手。在见面之初、告别之际、慰问他人、表示感激、略表歉意等时候，往往会与他人握手。一是要注意先后顺序。握手时，双方伸出手来的标准的先后顺序应为"尊者在先"。即地位高者先伸手，地位低者后伸手。如果是服务人员则通常不要主动伸手和服务对象相握。与人握手时，一般握 3 到 5 秒钟即可。通常，应该用右手与人相握。左手不宜使用，双手相握也不常用。

双手抱头。很多人喜欢用单手或双手抱在脑后，这一体态的本意，是放松。但在别人面前特别是给人服务的时候这么做的话，就给人一种目中无人的感觉。

摆弄手指。反复摆弄自己的手指，要么活动关节，要么捻响，要么攥着拳头。手指动来动去，往往会给人一种无聊的感觉，让人难以接受。

手插口袋。在工作中，通常不允许把一只手或双手插在口袋里。这种表现，会让人觉得你在工作上不尽力，忙里偷闲。

特别提醒大家的是，手势宜少不宜多。多余的手势，会给人留下装腔作势、缺乏涵养的感觉。除此之外，还要注意在交际活动时，有些手势会让人反感，严重影响形象。比如当众搔头皮、掏耳朵、抠鼻子、咬指甲、在桌上乱写乱画等，我们要尽量避免不文明举止行为的出现。

第五节　情动于心，行之于外
——表情之美

表情是人心理状态的外在表现。当人的大脑皮层受到客观事物刺激时，就会产生情感反应，人体内部就会发生一定的变化，因而人的外表呈现出各种各样的表情。人的面部、身段、声音及动作可以鲜明地反映出各种各样的变化，如喜、怒、哀、思、忧、恐、惊，人之七情。

人的表情可分为以下三种类型，即面部表情、身段表情和声音表情。

☆面部表情：眼睛是传递心思最敏锐的器官，眼睛可充分表现出人思想深处的喜悦或冷漠，是其他器官无法相比的。因此，在与人交际中要特别注意眼睛的运用。

☆身段表情：在现实生活中，我们只需观察一个人的姿态，就明白他的心理状态了。比如：欢乐时，跳跳蹦蹦；犹豫时，低头不语；后悔时，捶首顿足；下决心时，拍胸握拳；欢迎时，张开双臂；不满时，猛扭头或猛转身；沉思时，用手拍头或下巴……

☆声音表情：从一个人的声音里，便可以知道他的内心状态。所以讲话不仅吐字要清晰，有抑、扬、顿、挫，还必须注意韵律、节奏、声调，同时也要饱含感情。

表情美是人的仪表美的动态表现，人的表情美主要包括眼睛美和脸部表情美。

眼睛的表情美

一双眼睛能传出喜、怒、哀、乐不同的情感。荷兰一位心理学家曾把表现出不同情感的演员的头像照片裁成只留眼睛的部分，让人辨别，结果大部分人都能从眼神中辨别出喜、怒、哀、乐。因此，在交际中要善于运用目光传达自己的情感。眼神，是对眼睛总体活动的一种统称。对自己而言，它能够最明显、最自信、最准确地展示自身的心理活动。对他人而言，与其交往所得信息的 87% 来自于视觉，而来自听觉的信息则仅为 10% 左右。那么眼睛的表情怎样才算美呢？

人们在日常生活中借助于眼神所传递出的信息，可被称为眼语。在人类的五种感觉器官眼、耳、鼻、舌、身中，眼睛最为敏感，它通常占有人类总体感觉的 70% 左右。因此，泰戈尔便指出："一旦学会了眼睛的语言，表情的变化将是无穷无尽的。"

凝视，就是目光专注于某一点，是一种最常用的目光。这种目光的运用尤应注意分场合，看对象。彼此关系很亲密，那么，亲切的凝视会缩短人们之间的距离，加深感情的交流。若是陌生人，你老是盯着他，就会令人恼火，像是受到了侮辱。

在《法制日报》上曾报道过这样一条消息：美国加利福尼亚州一位警察吃了官司，原因是有 7 名女同事向法庭投诉，说他经常目不转睛地盯着她们，使她们感到不舒服。

但是，与人见面时，眼睛左顾右盼也不好，那样往往会给人漫不经心的感觉。那么应当怎样使凝视表现得恰到好处呢？一般说来，与人见面时可以把自己的目光放虚一些，不要聚集于对方身上的某一部位，而把目光放在对方的嘴、头顶、脸颊两侧和脖子这个范围。

灵活。这包括眼睛的转动范围和转动频率。表现为思维敏捷的反应，是青春活力的表现，是生命力的象征。在灵活的眼睛里，会给人一种流动的美感。从美感的外部表现看，灵活的眼睛具有美的节奏感。

明亮。明亮的眼睛没有掩盖、没有伪饰、没有愁云、没有迷惘，使人一览无遗。明亮的眼睛是童真的表现，它给人一种清晰的美感。

要获得眼睛的表情美，注意不要做出斜视、俯视、不屑一顾、轻浮等不礼貌的眼语。要达到这一点，除了表现的技巧外，加强文化、品德修养是很重要的。

脸部的表情美

脸能"说话"，人的喜怒哀乐都可以从脸上看得出来。太"硬"和太"软"，板起面孔和媚笑，都会使人不舒服，这实际上也是脸部表情的度。所以，脸部表情应以体现和谐为美的原则。也就是：

自然明朗。自然明朗不要做作，不要在脸上堆砌表情，不要夸饰，要给人以自然和明朗的感觉。

轻松柔和。轻松柔和始终能给人一种美的感觉。但对长、方脸型的人来说，要注意多一点微笑，因为微笑能够起到软化脸型的作用，让人看起来轻松柔和，感到温暖舒服。

大方宁静。不要刻意地去追求表情，不要做夸张和娇滴滴的伪饰。人的表情和打扮一样，要求大方宁静，以得体为美。

保持微笑。微笑是交际活动中最富有吸引力、最有价值的面部表情。

无论是在办公室、在舞场、在谈判桌上，还是在周游世界的旅行中，只要你不吝啬微笑，往往就能左右逢源、顺心如意。这是因为，微笑表现着自己友善、谦恭、渴望友谊等美好的感情因素，是向他人发射出理解、宽容、信任的信号。

一、微笑的要求

微笑的作用虽然很大，但不能滥用，必须注意礼仪要求。

☆微笑要做到真诚，即发自内心。而虚伪的假笑、牵强的冷笑则会令人感到别扭和反感。

☆微笑要做到甜美。这种表情由嘴巴、眼神及眉毛等方面来协调完成。

☆微笑要有尺度，即热情有度。

二、微笑的训练

微笑是可以训练养成的。需要强调的是，微笑是发自内心对人友好的一种情感，一个心地善良、乐于助人、对生活充满爱的人，才能在交际活动中完美地掌握这种最高级的社交手段。

☆笑不露齿，即嘴角两端稍稍用力向上拉，使两端嘴角向上翘起，让唇线略成弧形，在不牵动鼻子、不发出笑声、不露出牙齿的前提下，微微一笑。

☆借助技术辅助，在训练时，经常念到一些词、字，正好是微笑最佳的口型，如"钱""茄子""田七"，英文字母"G""J""V"等。

在任何社交场合，表情一定要从容、自然，不要忸怩作态。该笑时就笑，该严肃就严肃，该活泼时就活泼。比如，在喜庆、祝贺、联欢等愉快的场合，一定要春风满面、笑逐颜开，以适应欢乐的气氛，不要一本正经地板着脸，令人望而生畏、大煞风景；而在丧礼、吊唁、扫墓等悲哀的场合，则必须表现出肃穆、沉静、伤感。各种表情必须符合各种场合的气氛。人的表情是心理的一面镜子，所以要特别注意。

第 **3** 章

莲出淤泥而不染——美的本性

　　美德诧异天性，皆溢于心，娇面别异本色，殊丽于目；良缘不同尘情，乃归之份，知音暗同言声，方悦之耳。真美是相对华伪之美的客观存在，因此，美的挖掘和发现是无处不在的人性哲学，所谓以美启真，以真至善，以善垂美，美便从天边翩翩来到眼前，日久天长而美妙到游弋于原始的脑海，似感染而又是自然独立，悠悠地演绎于我们每个人的纯真心田。

　　美的本身是一种所有的无形与有形的和谐，然而，超然的一统不是哪个圣人都能做到的，自然就不完美，但我们不能因此停止追求完美！

第一节　立身之本，成事之根
——健康之美

有人曾经说，现在的孩子真可怜，身受父母、老师和社会"三座大山"的压迫。其实，这不无道理！父母望子成龙的心理驱使着他们逼迫孩子"狠狠地学习"，根本不管孩子是不是喜欢；老师们也把"升学率"的压力转嫁给了孩子，不管孩子是否能够承受；社会上的舆论和议论也不放过孩子，"孩子学习怎么样？""孩子考上什么学校了？"……

但是，遗憾的是，父母、老师、社会谁真正重视、关心或注意过孩子们的身心健康呢？父母应该把孩子的身心健康放在第一位，因为这远比学习成绩、考试高分重要得多。学会赏识孩子，才能很好地调动孩子的积极性，这样就能让被赏识的孩子感受到快乐，进而促进他的身心健康，激发他奋发向上的无穷动力。

一方面，父母应该让孩子锻炼坚强的体魄，另一方面，还要让孩子具备健康的心态。

美国著名思想家、诗人爱默生曾说："健康是人生第一财富。"一个人要想成就一番事业，健康是首要的条件。有人曾经这样比喻："健康好比数字 1，事业、家庭、地位、钱财都是 0；有了 1，后面的 0 越多就越富有。反之，没有 1 则一切皆无。"

健康的身体是人一生的资本

据一项调查显示，我国 7 岁至 17 岁学生的超重率、肥胖率在城市分别为 16.7% 和 9.6%。我国青少年的肥胖检出率正以每 5 年翻一倍的速度增长，已经成为大城市青少年最突出的问题。在全国，青少年肥胖率东北地区最高，为 13.2%。有关调查显示，我国肥胖儿童正以每年 8% 的速度递增。

有关专家解释，肥胖会给青少年带来诸多危害，比如，活动能力差，由此导致身体素质下降；智力降低，动手操作能力和运动协调性差，性格孤僻、缺乏自信心，影响发育；动脉硬化、脂肪性肝硬化等慢性疾病的发病率也显著上升，更为严重的是，60% ~ 70% 的肥胖儿童在成年后仍然肥胖。

另外，某市一次抽样调查显示：该市青少年近视的患病率正逐年上升，中小学生视力低下率为 53.83%，高出全国平均数 3.5 个百分点，其中绝大多数为近视。这次调查在该市 9 所中小学校的 3344 名中小学生中进行。结果显示，随着学业的进步，孩子中视力低下的比例也随之增长，小学生为 20.5%，中学生为 53.68%，高中生为 88.44%。该市初中、小学阶段学生视力低下率在全国还处于中等水平，但是在 15 岁以后，视力低下率显著增加。

而导致青少年近视的主要原因是课业负担的加重，因为青少年学习时间长，持续用眼的时间也就较长，课外活动时间相对就会减少，这也就减少了让眼睛休息的时间。对父母来说，保证孩子有充足的休息和睡眠时间，让孩子注意合理的营养和个人卫生不失为避免近视的有效方法。

大家都知道李嘉诚，他是香港著名商人，也是亚洲首屈一指的富商。

小时候，李嘉诚先生的家境并不是很好。父亲去世的早，他从小就担起养家糊口的重任，不得不去一家工厂做工。

经过几十年的打拼，李嘉诚终于成为亚洲首富，取得了令人艳羡的成就。

然而在几十年辛苦的奋斗中，他的精力始终非常旺盛。直到今天，他已经是一位饱经风霜的老人了，却依然精力不减。

在谈到这个问题时，李嘉诚用简单的话，来说明问题："我向来知道身体是事业的本钱。所以在我的生活中，对身体的锻炼这个原则是不会变的。"

的确，"身体是革命的本钱"。居里夫人也说："健康的身体是科学的基础。"开国总理周恩来曾对清华大学的学生说："要好好锻炼身体，为祖国健康工作50年。"其实，身体健康是一个人一生的资本，是青少年现在学习、生活以及未来事业的重要基础和前提。不难想象，如果没有健康的身体作保证，要想实现人生的理想是不可能的。所以，父母一定不要只关心孩子的学习而忽略了孩子一生的资本——健康。

保持健康的方法

健康的身心对自身成长的意义已经不言而喻，那么，应该怎样保持健康呢？

一、坚持体育锻炼

波兰科学家居里夫人曾说："科学的基础是健康的身体。"居里夫人知道健康的重要，不仅自己注意锻炼身体，而且也要求两个女儿坚持严格的知识训练和体格锻炼，让她们在锻炼中健康成长。居里夫人还经常带两个女儿去远足、游泳、爬山。后来，两个女儿都成了科学家，而且大女儿还获得了诺贝尔奖。

有这样一篇新闻报道："中国杂交水稻之父"袁隆平在武汉与中小学生面对面交流时，一位中学生说，他看过一篇报道说袁院士累倒在稻田里还不放弃研究，非常敬仰。袁隆平连忙澄清："一定别受误导，累倒还工作不值得提倡。身体是最重要的。另外，我也从来没有累倒在田里。" 其实，袁隆平在科研工作中能够保持旺盛的精力和干劲儿，与他坚持体育锻炼是分不开的。

20世纪50年代，清华大学曾提出"8－1＞8"的口号，即每天用一小时参加体育锻炼，学习效率反而大于不锻炼者。实践证明，加强体育锻炼对青少年的学习也有很大帮助。

所以，一定要坚持体育锻炼，每天保证一小时。比如，可以在小区、健身房锻炼，也可以到大自然中奔跑。另外，多参加学校组织的各项体育活动，哪怕自己并不擅长，也要记住体育精神是"重在参与"，运动细胞也是锻炼出来的。要知道，生命在于运动，健康源于锻炼。只有养成长期坚持体育锻炼的好习惯，才能使我们的身体稳定、健康地成长。

二、懂得合理安排饮食

养成良好的饮食习惯是保证营养吸收、促进发育、保证身体健康的先决条件。比如，吃饭要定时定量，定时就是按时吃饭，这样能够保证和增强胃肠活动功能；定量指饭量要有节制，每餐不宜吃得过饱，"八分饱"最好；吃饭要专心，因为只有专心吃饭，才能调动所有消化系统的器官积极工作，共同消化食物；还要注意细嚼慢咽，这样有利于消化；不宜边吃饭边看书或看电视，也不要在吃饭时大声谈笑或争吵动怒；要注意饮食卫生。

尤其注意，一定要吃好早饭再去上学。营养专家研究表明，吃好早餐对身体的健康极为重要。在早晨起床后，离上次进餐时间约10个小时，胃处于空虚状态，血糖水平降低。开始活动后，大脑与肌肉消耗糖，血糖水平会继续下降。这时如果还不进餐，体内就没有足够的血糖可供消耗，严重的会出现低血糖，人体也会感到精神不振、倦怠、疲劳、反应迟钝，这些都会影响我们的学习效果。另外，长期不吃早餐还会引起严重的胃病。

调查表明，吃早餐和早餐吃得饱的学生的体形和器官机能发育都比较好，身体素质和学习成绩比不吃早餐或早餐吃得很少的要好，因为他们能够从中获得足够的能量和蛋白质。

三、注意劳逸结合

为了有效保证身体健康，应该注意劳逸结合。在感觉疲劳之前就应该休息。在学校已经学习了一天，回到家还要忙于作业、复习，有的人甚至学习到深夜，而结果却往往事倍功半。其中重要的原因之一就是忽视了科学用脑，没有注意劳逸结合，这种做法非常不可取。

有关研究和实践证明，劳逸结合有利于提高学习效率，稳定情绪，增强记忆力。要相信，那些能够按时起床、按时睡觉、按时学习的人才能拥有健康的体质，才能取得优异的学习成绩。所以要按时放松休息、这样才能恢复精力，过度疲劳对正常发育和成长有百害而无一利。要懂得休息，让生活有张有弛。

四、远离不良生活方式

必须戒除那些有碍健康的不良嗜好。要懂得，每个人只有一副身体，只有让它处在最佳状态，才能有最好的智慧及体能去追逐梦想。

现在，随着生活水平的不断提高，人们开始享受富裕生活，同时一些"富贵病"也悄然来到孩子的身边。高血脂、高血压、肥胖症、神经衰弱等病症都有明显增加，年龄段也有降低的倾向。诱发这种疾病的原因多种多样，其中重要的原因就是不良的生活方式，如作息不规律、饮食结构不合理、缺乏运动、不良情绪、吸烟、酗酒，以及环境污染加重等，都是造成发病率高的重要因素。

要注意远离不良的生活方式，这样可以避免很多疾病的发生。身体是自己的，是一生生活、事业的基础"硬件"，只有自己才能保护好它。

五、保持心理健康的细节

要重视心理健康，下面是保持心理健康的几个细节：

> 与同学友好、坦率地交谈，不让内心积存任何消极不良的感情和情绪；
>
> 懂得暂时避开使自己烦恼的情境，以恢复心理上的平静或愈合心理上的创伤；
>
> 专心致志地去做一件事情，从而有效转移自己的消极思想，将苦闷、愤怒、悲哀等感情丢弃；
>
> 对他人要谦让，要懂得豁达大度，减少抑郁、焦虑等不良的紧张情绪；
>
> 做事善始善终，以保持充足的信心，避免做力不从心的事；
>
> 避免因人际关系紧张而使自己产生紧张情绪；
>
> 要学会自己动手，破除依赖他人的心理；
>
> 制定一份愉快而又切实的修养身心的计划，保持心情愉快。

人的身体犹如一台机器，是否善于保养对它的性能和寿命都有至关重要的影响，我们常常因为急事需要借同事的自行车，一骑上去就知道车主是否会保养，那些不会保养的不是龙头歪了就是闸不灵，不是铃不响就是胎没气，总之一骑上去就知道了。同样的车子，善不善于保养，对车子寿命的影响是非常大的，人何尝不是！身体是革命的本钱，健康是永远的财富！我们每个人都要重视自己的健康，为自己，为家人，为社会。

第二节 奇思妙想，非比寻常
——想象之美

想象是在人脑中对已有的记忆表象进行加工、改造，并创造新形象的过程。借助于合理的想象可以理解世界上的许多事情，可以了解古今中外的丰富知识，并进行创造性活动。

想象并不是凭空产生的，它需要的材料都源于生活，源于人的经验。无论多么新奇古怪的想象，都建立在已有信息的基础上。

关于想象，德国哲学家黑格尔说："一个缺乏想象能力的人，无论从事工程技术还是美术、文艺或自然科学，都不会做出什么创造性的成绩来。"台湾学者南怀瑾大师说："人类社会是由两个苹果造成的：一个苹果是牛顿发现了，引来现代文明社会，造就了科学；一个苹果是亚当和夏娃偷吃了，产生了人类，是艺术想象。"而大科学家爱因斯坦曾说："想象力比知识重要，因为知识是有限的，而想象力概括着世界上的一切，推动着进步，并且是知识进化的源泉。"

可见，想象在人类社会发展进程中起了至关重要的作用，它直接推动了人类的进步。想象是创造活动的基础和先导，是激励创造活动、产生科学的假说的源泉。没有想象，就没有科学的假说，没有科学的假说，也就没有科学的发现和发展。比如，飞机的升天，原子结构的模式，试管婴儿的诞生等，又何尝不是在想象下产生的呢？

想象推动着人类的进步

那些做出巨大成就的人，在任何时候，他们的大脑里都充满了想象。著名理论物理学家、诺贝尔物理学奖得主盖尔曼说："作为一个出色的理论物理学家，想象力很重要。一定要想象、假设，也许事实并不是这样，但是这样可以使你接着往前研究。想象力需要可信来做支撑，它们需要确立大家已经接受的公理，然后悄悄地溜进这些公理中去，寻找新的发现，只有这样才能取得进步。"

无独有偶，世界软件业巨头微软公司也强调想象。微软公司董事长比尔·盖茨曾经说："对于微软来说，唯一有用的资产就是人类的想象力。如果拿走微软所有的大楼、房产和办公硬件等有形资产——也就是说拿走所有能够摸得到的财产，对微软来说和没有拿走这些东西几乎毫无区别。"

对青少年来说，想象力是掌握知识的必要条件。不论学习哪一门学科，都必须借助于想象才能深刻地理解记忆。比如学习语文，就要利用丰富的想象去理解人物形象、景物、场面和主题；学习数学，特别是几何，就要有丰富、精确而又灵活的空间想象力，想象图形的形状，其他学科也是如此。

有一天，一位记者带着一幅抽象画来到一所小学。看着这幅图画，孩子们大声嚷嚷开了。"好像一只漂亮的金鱼在水里游！""不是，是一只猫头鹰在树上打瞌睡。""我看是神兽金刚吧！"……

在1年级2班，记者邀请10名刚满6岁的小朋友走上讲台，在黑板上写出自己眼中这幅画的内容，结果得出"外星人""动物园"等8个答案。有一位同学特别告诉记者："这画的是两头牛，人们正在进行斗牛比赛。"他还一边指着图画，一边告诉记者这里是什么，那里是什么，描绘出一幅活生生的斗牛图。

后来，记者又来到一所大学，在一间教室里找了部分正在自习的大学生来"研究"这幅图。

10名大学生中，有6人回答是"人脸""人头""鬼脸"等，有两人回答是"河流"，另两人的答案是"马"和"瀑布"。一个男生笑着说："这是两个头像，一对情侣正在面对面含情脉脉。"

随后，记者在城市的步行街又考了考十多名三四十岁的路人，一半以上都说是张"人脸"。

"这个有什么好看的，就是一个调色板打倒了。"卖小食品的张先生说。而36岁的高女士歪着头看了半天，肯定地说："就是一个人在流眼泪。"

也许到这里，每个人都想追问标准答案，但正是因为一种寻找标准答案的心理，让我们的想象力流失了。

一位心理学家说："问题在我们的学校教育中，一直教孩子寻找标准答案，束缚他们独立的思想；在家庭教育中，家长都不允许孩子有异常的想法，这就慢慢地扼杀了孩子的想象力。"教育不必整齐划一，让孩子有更多的个人空间，让他们多做白日梦，或许会让孩子保留更多的想象力。

想象力是人类特有的能力，未来的世界也将会是一个想象力的世界。拥有自由奔放的想象力，人们就可以在头脑中设计他生活的世界，然后改造世界！想象力是智能活动的重要组成部分，是我们学习知识和自我发展不可缺少的条件，同时也是当今社会所需人才的必要素质之一。

培养想象力的方法

青少年承载着民族的希望、国家的未来。为了提高智力，促进学习，我们必须重视培养自身的想象力。当我们的大脑插上想象的翅膀时，就会飞翔得更高、更远。那么，应该怎样培养想象能力呢？

一、扩大知识面，丰富信息储备

有关研究表明，丰富的想象力以丰富的知识和经验为基础。而一切科学的创造、技术上的革新以及艺术上的创作，都是在丰富的知识和经验的基础上，通过创造性想象而取得成功的。可见，一个人知识和经验的多少，信息储备的多少，对于想象的广度和深度有着重要的影响。

由此看来，培养想象力，应该扩大自身的知识面，丰富自身的信息储备。俗话说："巧妇难为无米之炊。"意思是，要做好一件事情，首先要有很好的原料。同理，如果我们的头脑中没有储存足够的信息，那么所谓的想象，就像空中楼阁一样，只能是毫无根据的空想。一个发明家如果不能储存各式各样的物体形象信息，他就不能通过想象创造出新的产品；一个画家如果不储存丰富的人物和事物的形象信息，他也就不能创造出栩栩如生的绘画作品。

所以，头脑中的信息储备越丰富，想象就越开阔、深刻，想象力就越强。要扩大知识面，头脑中储存更多的信息，除了多读一些课外书籍外，最好的办法就是参加社会实践活动，不断接触各种事物，使其在头脑中留下深刻的印象，这些印象就会成为想象力的材料。

二、多接触大自然

大自然有着无穷无尽的奥秘和神奇，是一部最生动的、永远也读不完的教科书。很多学者都说过，大自然的花草树木、山水虫鱼，无不蕴含着美的因素。大自然的博大与雄浑可以使人心胸开阔，性格开朗，心情愉悦。

可以说，大自然的一切都可以引发人的无穷遐想，它是人们想象的最好环境。因为大自然的神秘感，总是能激发我们的求知欲，我们就会积极观察，不断发问。

三、异想天开

在培养想象力的同时，也要注意保护想象力。教育专家认为，青少年时代是培养想象力的最佳时期，奇异丰富的想象往往孕育着促成奇妙的创新。因为世界上的任何创新都萌芽于看似不成熟的异想天开之中。

曾有一位少儿电视节目主持人问："小朋友们，你们知道小猫为什么要洗脸吗？"一个孩子童趣十足地回答说："因为小猫没有捉住老鼠害羞了。"而这位节目主持人却煞有介事地否定了孩子："哦，你答得不对。其实呀，小猫洗脸，是因为它的皮毛里有一种物质，被太阳一晒……"

如果从知识角度来看，主持人这些抽象"大道理"的回答无疑是很"科学"的，在他眼里，这些孩子的回答是天真、可笑、不合"逻辑"

的，所以，在不经意间就把孩子富有诗意的想象因素给抹杀掉了。

　　1969 年 7 月 20 日，美国宇航员阿姆斯特朗和另外一名宇航员一起乘坐"阿波罗 11 号"登上月球，完成人类历史上首次载人登月的任务。阿姆斯特朗的成功也是得益于他的父母。后来，他自己讲过一个故事：有一次，他一个人在院子里玩耍，折腾出许多怪异的声音，正在厨房做饭的妈妈听到了就问："你在干吗呢？"他说："我正在试着跳到月球上去！"妈妈没有像别的母亲那样训斥他胡说八道、异想天开，而是高兴地说："好啊，但是不要忘记回来吃饭哦！"

　　"进化论"就是建立在达尔文超乎常人的想象力以及为此进行的大量实物研究的基础上提出来的。可以说，没有想象，就没有今天的"进化论"。

　　四、扩大语言文字积累

　　虽然想象是以形象形式为主，但也离不开语言材料，特别是需要用口头语言或书面语言将想象的内容表述出来时，语言材料就会起到非常重要的作用。

　　背诵的课文要记牢，要准备一个文学名句、名段摘抄本，随时把阅读中遇到的名句名段摘抄记录下来，并在休闲的时候注意翻阅。这样在想象时，就可以拓宽想象的天地，增加想象的细密程度和丰富程度，从而促进想象力的发展。

　　五、多参加课外兴趣小组活动

　　要知道，课外兴趣小组活动是驰骋想象的广阔天地，不论是舞蹈、音乐、体育、美术、书法，还是天文、地理、化学、生物、航模、电脑，每一个兴趣小组活动都会使大量的形象化的事物进入大脑，而且需要我们进行创造性想象才能完成相关活动任务。这十分有益于自身想象力的提高。

　　罗素说："如果孩提时代的想象力通过适合各年龄的刺激保持得很活跃，那么当他以适合成人的方式发挥作用时，以后的想象力就会更为活跃。" 恰当而适宜的想象力表明一个人有非常强大的学习能力，是思维活跃的表现。只要一个人的想象力不枯竭，那么他学习的动力就不会消失；只要他充分利用想象力，就能尽情体会想象力带给我们在学习方式上的轻松愉快和成绩上的巨大成功。

想象是创新的翅膀，爱因斯坦说过："想象力比知识更重要，因为知识是有限的，而想象力概括世界上的一切，推动着进步，并且是知识进化的源泉。"现代心理学也表明，创造力与想象力关系密切，具有创造力的人一般都具有超强的想象力，因而培养自身的想象力具有重大意义。

第三节　乐观向上，积极进取
——心境之美

一个积极乐观的心态，是人一生中最宝贵的一笔财富。积极的心态能使一个懦夫成为英雄，从心志柔弱变为意志坚强。随着社会的发展，越来越多的人劳累于工作，烦心于家庭琐事，更多的人为了追求金钱、地位、权力，让本真的快乐渐渐消失在我们的记忆中，很多人抱怨社会的不公，把这种贫富之间的差距看成上帝的偏见。其实很多时候，是我们自己迷失了原属于我们自己的快乐，不存在什么上帝的偏见和社会的不公。

好心态更容易走向成功

很多年轻人步入社会遇到很多困难，在一个乐观的人眼里，他会感激苦难，因为它使自己又多了一次锻炼的机会；而在一个悲观的人眼里，他会为此而苦恼，总觉得自己命途多舛，自己是天神遗弃下来的苦行僧。有句话说："当上帝为你关上了一扇窗的时候，他其实同时为你开了一扇门。"很多时候，这些看上去的困难都来自于我们的内心，中国的盲人歌手萧煌奇就是一个很好的例子，如他的歌曲中唱到的那样"是不是上帝在我眼前遮住了帘，忘了掀开……"也许上帝真的为他遮住了视觉上的那一扇帘，但是同时也为他打开了他能歌善舞的一道大门。他的同班同学中国好声音学员张玉霞也同样是街头卖艺的盲人歌手，但是通过自己的努力，最终也像萧煌奇一样，出自己的专辑，实现了自己做歌手的梦想。

　　有两个年轻人去一家公司应聘职位，第一个年轻人在途中看到了死人出殡，他心里想："'出师未捷身先死'，此次的面试一定不会顺利，"走着走着，又看到了天上飞过了一架白色的飞机。他心里又继续想："白飞机，白费劲。"想着想着心里面一下灰暗了许多，决定调头不去参加面试了。

　　而第二个年轻人和他遇到了同样的状况，见到死人出殡他心里想："旧的已去，新的即来。说明我的新生活要开始了。"看到了白色的飞机飞过头顶就想到："高空中的白飞机，高中啊！"于是便加快了脚步前往面试的公司。

　　半路上他看到了第一个年轻人，看到他愁眉不展地走向回去的路，便上去问其缘由，第一个年轻人并没有告诉他，第二个年轻人仍旧拉着他一起去面试，第一个年轻人非常的不情愿。他们同时参加面试，一个小时后，第二位年轻人果然成功被录取，而第一个年轻人，由于状态不佳，没有被选中，于是抱怨自己途中看到的东西给自己带来了霉运。第二个年轻人听到后很诧异地说自己也遇到同样的事情，只是不应该那样解释。两个人交换了想法后都沉默不语了。

　　其实，在生活中很多时候都需要我们拥有一个好的心态，一个乐观的心态对我们实现人生的理想有很大的帮助。记得曾经听过这样一件事，两位同是医院的患者，其中有一位得了癌症，而另一位患者只是普通的肺病，结果由于两个人拿错了化验单，导致普通肺病的病人以为自己得了癌症而抑郁而亡，相反得了癌症的患者以为自己只是普通的肺病，积极地配合医院的治疗，病情得到明显的好转和改善。一个人的心态很重要，保持积极乐观的心态，你才能够生活得更好，获得更多的成功。

说到这里就不得不提一下中国的女明星范冰冰，人们对她褒贬不一，但是我们却不能否认范冰冰真的为自己成为国际影星而做的努力，当她面对诋毁和谩骂的时候，她的一句话让很多人不得不重新审视眼前的这个"花瓶"，她说："我能承受多大的诋毁，我就能承受多大的赞美。"的确，范冰冰乐观的心态就注定了她在娱乐圈里生活得如日中天，顺风顺水。相比较之下同样是影星的韩国艺人，居然因为压力和生活中的不顺而自杀，这种事情在韩国屡见不鲜。

小陶是一家物流公司的文员，但是进入公司后，李总就给她分配了文员以外的工作，她是一名90后刚刚毕业的大学生，很活泼开朗。经理分配的任务她每次都能很好地完成。她平时负责联系运货公司，送货和运货之间的疏导工作本来不属于文员的职责范围之内，而且经理也没有另外给她多加薪水。

一次，小陶仍然按照以往的要求和步骤将货发往运输公司，可是这一次却出现了意外。货物在运输途中遇到了骗子公司，货物一夜间消失了踪迹。小陶急的不成样子，自己每个月拿着3000元钱的工资，却要担这样大的责任，她总是觉得公司会把这件事完全压在自己身上，80多万元的损失自己拿什么赔。她愁眉不展几天都睡不好，还写了辞职信。她觉得自己未来的生活就要和莫泊桑小说中《项链》中的玛蒂尔德一样，一生都要用来还债了。这一切都已经持续了一个星期的时候，她才得到消息说公司没有打算让她赔偿损失，此次遇到骗子公司物流公司要承担主要责任，同时小陶的一切程序都是按照公司的指示进行，她没责任，不仅如此，李总还打算给小陶加薪，可是小陶的辞职信在一周前就交给了李总的上司，所以小陶不得不离开公司了。

我们都知道世间不如意事十有八九，不被世间纷繁复杂的事情干扰，才能用心看到一个真的世界。保持一个平和自然的心态，那么所有的苦恼瞬间也会迎刃而解。当一个人心中有更高的理想和信念时，这种来自于外界的困难就会显得十分的渺小。年轻人一定要有一个积极乐观的心态，不要在没有被困难打倒之前，就先被自己的心中所想战败。

心态决定命运，心态决定人生

在现实生活中，每个人都有自己不顺心的事情，而且很多不顺心的事情又总是无法避免。可是记住，虽然我们不能改变外界的糟糕环境，却可以决定自己的心灵选择，有一句话是这样说的："当我苦恼于没有一双好鞋穿的时候，我才发现不远处有个人没有脚。"很多事情要以不同的眼光来看，如果你善于用不同的眼光看问题，能把任何不愉快的事情都看成是上天送给你的礼物，你便能从生活中得到无限的乐趣。

很多事情如果你只是去抱怨是不会有任何改变的，只有你尽自己最大的努力，让自己去适应新的环境，你才能在一次次挑战中战胜挫折，赢得成功。在工作中，平和、乐观的心态是最重要的。任何对客观环境的不满和怨天尤人都是无济于事的，只有以积极向上的精神去面对工作，才是解决问题的最佳方法。一味地自怨自艾、杞人忧天，不是解决事情的好办法，与其愁苦地过着生活，倒不如乐观地面对生活，时刻保持乐观的心态、不争不抢的淡泊之心。

苏暖成搬进了一栋七层的大楼里。他住在这栋七层大楼的最底层。很多人都非常不愿意住在第一层，应为大家都知道底层在这座楼里环境是最差的，上面老是向下泼污水，丢死老鼠、破鞋子、臭袜子和杂七杂八的脏东西。

底层住的人很多都是愁眉不展，但是苏暖成一副自得其乐的样子，很多人看到后很好奇地问："你住这样的房子，也感到高兴吗？"

"是呀！你不知道住一楼有多少好处啊！比如，进门不用爬很高的楼梯；搬东西方便，不必花很大的劲儿；朋友来访容易，用不着一层楼一层楼地去叩门询问，特别让我满意的是，可以在空地上养一丛一丛的花，种一畦一畦的菜，这些乐趣呀，数之不尽啊！"苏暖成喜不自禁地说。

还没到半年，苏暖成顶楼的朋友，家里有一个偏瘫的老人，上下楼很不方便。所以他就和这位朋友换了房子。可是他每天仍是快快乐乐的。有人看见了问："苏暖成，住七楼是不是也有许多好处呀？"他回答说："是啊，好处可真不少呢！每天上下楼，这是很好的锻炼机会，有利于身体健康；光线好，看书写文章不伤眼睛；没有人在头顶干扰，白天黑夜都非常安静。"

苏格拉底曾经说过："决定一个人心情的，不是环境，而是心境。"生活中的很多情趣来源于我们自己的内心，拥有财富的人有自己的乐趣，贫苦的人也有贫苦的快乐。我们的心灵决定我们想要的到底是什么？心灵就像一个弹力墙，当你把愤怒狠狠地砸向它的时候，它也往往会给你狠狠的一击。

遇到事情要保持心静如水的状态，这样才能做到从容。性格稳健的人不会因为一件事情而表现得过于大喜大悲，他们会将自己内心的真实感受隐藏得很好，不被人发觉，然后慢慢地调整自己，厚积薄发。人生中的事情或喜或忧，都要看得如"云淡风轻"一般，做到不怕不悔，不喜不惧。低调处理人生事，以平和的心态来面对人生，不管面对的诱惑有多强烈，只要不过界限，就不会累己累心，淡泊的性情是用理智去思自己所念所求，不被欲望控制。

第四节　明察秋毫，知事达理
——智慧之美

说到底，做人做事的成功靠的还是智慧，大智慧就好比盖世武功中的内功一样，有了这一"高深内功"，就不愁做事不成功。

善用慧眼识机遇

常听有人在机会的耳边抱怨：牛顿家那个著名的苹果为什么不掉在我的头上？如果上苍成全你，同样一只苹果掉在你的头上，你会怎么做呢？你可能已经把它吃了，所以说并不是没有给你机会，而是你没有把握住机会。

总是将成功寄于好的机遇，于是痴等着机遇，却不知道在这痴等的时候，机遇已与你擦身而过了。机遇固然重要，然而通过个人努力抓住机遇更为重要。倘若不做任何努力，天天幻想机遇从天而降，那么纵使机遇真的来到你面前，你也不会发现它，更不要提去抓住它。因此，想要抓住机遇，自身的努力是十分重要的。

人生中，抓住机遇并且成功的人，不算很多，但终生没有遇到机遇的人，又的确很少。现实中，许多始终落魄的人，都会讲到自己当年如何如何地放弃了绝好的机会，要不然的话，自己会怎样怎样。机遇常在，而识别机遇和把握机遇的智慧却不常有。所以，不成功的人永远比成功的人要多得多。机遇对主动者就是成功的火种，对被动者可能就是灾难。天上掉下来的馅饼，也可能砸昏碌碌无为的路人。

放眼古今中外，就有许多人的成功是因为把握住了时机。

世界酒店大王希尔顿，早年追随掘金热潮到丹麦掘金，他没有别人幸运，未掘出一块金子，可他却得到了上天的另一种眷顾。当他失望地准备回家时，他发现了一个比黄金还要珍贵的商机，也迅速地把握住了它。当别人都忙于掘金时他却忙于建旅店，并渐渐地成了有钱人，也为日后他在酒店业的成功奠定了基础。

中国首富李嘉诚现在已经是妇孺皆知的成功人士。他的成功在于对时机的把握。改革开放初期，社会还相对落后，土地也没有现在这样的"寸土必争"。就是在这样的环境下，李嘉诚把握住了商机，在自己并不富裕的情况下借巨款购买了大量的地皮。这样的举动需要多大的勇气和智慧啊。也正是这次常人想都不敢想的投资使他逐渐成为亚洲地产大亨。

法国微生物学家巴斯德曾说过："机遇只偏爱那种有准备的头脑。"由此可见主观努力的重要性。在哲学上，主观努力是内因，机遇是外因，外因只有通过内因才能起作用，能否抓住机遇，利用机遇，最重要的在于内在的心理品质、思想素质和科学文化水平，在于勤奋努力。正因为这样，牛顿能从落在他头上的苹果这一现象里发现万有引力定律；正因为这样，细菌学专家能在发霉的培养液里发现青霉素；也正因为这样，爱迪生能在千余种材料中找到适合做灯丝的材料……这些成功在旁人眼里无一不是机遇，认为这些成功纯属巧合。但数千年来不知有多少人被苹果砸中过，不知有多少人见过发霉的物品，不知有多少人与各种金属材料、植物纤维打过交道，但他们发现不了万有引力定律、青霉素、灯丝，并不是没有机遇，而是他们没有抓住机遇。人生的机遇何其多，繁如星斗，但不抓住机遇，那些机遇也不过是过眼烟云。

有句话说得好：人可以输在起点，但不可输在转折点。诚然，因为家庭条件的原因，你从出生的第一天起就会落在别人后面，但你也有拼搏的机会，你也有可以改变命运的机会，这对每个人都是公平的。而这个改变命运的机会就是机遇，就是我们所说的转折点。

想好了就要去做

想好了就要去做！多么简单的一句话，但又有多少人能够领会它里面所包含的意义呢？生活中看到过太多的人犹豫不决瞻前顾后了，他们怀疑一切，觉得一切都不可靠，他们畏首畏尾，即使成功就在身旁时候他们都要计算一番，生怕被骗了。机会往往就这样白白流失了。很多人都因此而蹉跎了无数的岁月，以至于后悔终生。

一位智商一流、持有大学文凭的才子决心"下海"做生意。

有朋友建议他炒股票，他也豪情冲天，但去办股东卡时，他犹豫道："炒股有风险啊，等等看。"又有朋友建议他到夜校兼职讲课，他很有兴趣，但快到上课了，他又犹豫了："讲一堂课才 20 块钱，没有什么意思。"

他很有天分，却一直在犹豫中度过。两三年了，一直没有"下"过海，碌碌无为。

一天，这位"犹豫先生"到乡间探亲，路过一片苹果园，望见的都是长势喜人的苹果树。

他禁不住感叹道："上帝赐予了这个主人一块多么肥沃的土地啊！"种树人一听，对他说："那你就来看看上帝怎样在这里耕耘吧。"

世界上有很多人光说不做，总在犹豫；有不少人只做不说，总在耕耘。成功与收获总是光顾有了成功的方法并且付诸行动的人。

没游过泳的人站在水边，没跳过伞的人站在机舱门口，都是越想越害怕，人处于不利境地时也是这样。治疗恐惧的办法就是行动，毫不犹豫地去做。再聪明的人，也要有积极的行动。

有一个 6 岁的小男孩，一天在外面玩耍时，发现一个鸟巢被风从树上吹落掉在地上，里面滚出一只嗷嗷待哺的小麻雀。小男孩决定把它带回家喂养。

当他托着鸟巢走到家门口的时候，他突然想起妈妈不允许他在家里养小动物。于是，他轻轻地把小麻雀放在门口，急忙走进屋去请求妈妈。在他的哀求下妈妈终于破例答应了。

小男孩兴奋地跑到门口，不料小麻雀已经不见了，他看见一只黑猫正在意犹未尽地舔着嘴巴。小男孩为此伤心了很久。但从此他也记住了一个教训：只要是自己认定的事情，决不可优柔寡断。这个小男孩长大后成就了一番事业，他就是华裔电脑名人—王安博士。

在人生中，思前想后、犹豫不决固然可以免去一些做错事的可能，但更大的可能是会失去更多成功的机遇。

一个成功的企业家曾说，资历很好的人实在很多，但都缺乏一个非常重要的成功因素，那就是果断性。在激烈多变的商战中，管理者不能优柔寡断，而是需要果断地对一个又一个面临的紧迫问题做出决策。没有决策能力的人总是拖拖拉拉、举棋不定，想等待局势的发展看看再说，最后只能是错失良机。

果断出击、绝不拖延是一切成功人士一贯的作风，而被动出击、犹豫不决则是平庸之辈的共性。

第五节　开卷有益，手不释卷
——阅读之美

古人说的"开卷有益"就是告诉人们阅读有很多的好处，所以每个人都要好好读书，将来才会有成就。多阅读可以充实自己，可以获得知识，更可以增广见闻……

英国哲学家培根说："读书足以怡情、足以博采、足以长才。"这充分说明，阅读是增加知识的不二法门。其实，好的书籍就像一位老朋友，正如德国诗人歌德所说："读一本好书，就犹如同高尚的人谈话。"法国作家伏尔泰也说："每当第一遍读一本好书的时候，我仿佛觉得找到了一个朋友；当我再一次读这本书的时候，仿佛又和老朋友重逢。"

以书为友，思维流畅

一项调查发现，有着浓厚阅读兴趣的人，他的心胸一般比较开阔，并能正确理解生活，也能增强生活的信心，更会加倍珍惜生活。经常以书为友的人，思维都很流畅，很少因为生活中的困难或挫折而造成自己的心理症结，即使产生一些症结，他也能很快地排解掉而不会引起精神上的忧郁。

有关研究表明，阅读也是一种转移精神兴奋的有效方式。一般来说，因为其他原因造成的精神过度兴奋，可以通过阅读进行转移，让人得到充分休息。所以，阅读有助于人的精神恢复。

> 英国著名的作家斯迈尔斯是一个热爱读书的人，他的家里藏书众多，每每有朋友去他家做客，就会有一种恍如置身书海的错觉。
>
> 斯迈尔斯有一位朋友名叫亨利，他是一名商人，他常常讥讽斯迈尔斯空有众多藏书却不会生产财富，每每此时，斯迈尔斯只是微笑，不做任何辩解。
>
> 一次，亨利与一位商业上的伙伴进行合作谈判，对方是一位很有经验的大商人，而且为人也很狡猾，亨利在谈判中没有占到丝毫便宜。于是亨利有些焦急，突然他想到了斯迈尔斯，尽管亨利对这位作家朋友不抱太大希望，但是终究还是希望他能给予自己一点帮助。
>
> 斯迈尔斯虽然是一个作家，但是由于他的阅读量极其大，而且涉猎广泛，所以他对商场上的争斗也是十分了解，于是他欣然前往谈判现场，利用自己从书中获得的种种知识，成功地帮助亨利取得了合作权上的重大胜利。
>
> 亨利不敢相信自己的眼睛，他迫不及待地问斯迈尔斯是怎么做到的。斯迈尔斯依旧是微笑，只是淡淡地说了一句："因为我和书是朋友。"

可见，阅读对人的益处之大。苏联教育家苏霍姆林斯基也对阅读特别推崇，他曾说："阅读应当成为吸引学生爱好的最重要的发源地。学校应当成为书籍的王国。""学生的第一个爱好就应当是读书。这种爱好应当终生保持下去。"阅读能够荡涤心中浮躁的尘埃污秽，过滤出沁人心脾的灵新之气，甚至还可以营造出一种超凡脱俗的娴静氛围。多读书可以让人的身心更加舒畅，因为每本书都会带给人不同的启示。阅读还是学习认知不可或缺的重要能力之一。

增强阅读能力

要在阅读中不断磨炼意志，让心灵渐渐充实成熟，同时，强化学习认知能力。那么，应该怎样培养阅读能力呢？

一、带着问题阅读

阅读并不是像吸尘器一样仅仅是吸取他人的词语，而是应当主动寻求词语背后所蕴含的主题思想，并把作者的思想、其他专家的思想、自己的心得以及逻辑观念进行对比验证，也就是带着问题去阅读。

带着问题阅读，也就是定向阅读，有目的地阅读。很多人不了解确定阅读目的的重要性，不管拿到什么书，也不管翻到了哪一页，他拿起来就看。准确地说，这样阅读不可能有什么大的收获，因为这只是为阅读而阅读，可能连他自己也说不清想通过这一次阅读解决什么问题。这样，对他来说，书籍的利用价值是不够的。

所以，在整个阅读过程中，一定要一直向自己提类似问题：我能明白这篇文章的大概意思吗？这段话真正的含义是什么？这些是论据还是意见？哪些论据或是意见值得我参考？所有这些是否与我的经验相吻合？作者是怎样知道这些论据的？……

二、制定阅读计划

如果一个人想要自己的阅读重点更为突出，效果更加显著，那么制定一个切实可行的计划是一件非常有必要的事情。有了计划，并能在计划中详细表明阅读的重点和步骤，那么他的阅读就不会形同打乱仗了，而且也不太容易因为某些突发事件而停止或是改变。

所以，应该制定切实可行的阅读计划。要特别注意，制定的阅读计划一定要明确阅读时间、阅读内容以及阅读目标；要有可行性，时间安排要合理，阅读量要适宜；还要有连贯性，也就是阅读时间不能时断时续，不能今天读了明天不读，阅读的内容也要具有连贯性。

当然，制定计划还不是最重要的，最重要的是有恒心按照制定好的计划进行实际阅读。

三、做阅读笔记

苏联的缔造者列宁酷爱阅读，他在紧张的革命斗争生活中，甚至在被捕和流放时仍然书不离手。他阅读时有一个重要的习惯，就是在书页的空白处随手写下内容丰富的评论、注释以及心得体会。有时还在书的封面上写下最值得注意的观点或材料。一旦读到具有较高学术价值的著作，他还在书的扉页或封面上写下书目索引，特别注明书中好的见解、好的素材以及具有代表性的论断的所在页码。列宁的这个阅读习惯，也就是人们常说的做阅读笔记。

笔记对于阅读有着重要的作用，这样可以在有限的时间和有限的书本中学到更多的东西。经常做阅读笔记，也是促进思考、促进消化的有效方法。俗话说："好记性不如烂笔头。"很多学者、伟人也都有边读书边做笔记的习惯。

教育家徐特立提倡"不动笔墨不看书"。要看书，就必须要认真思考和消化，并且要动笔做读书笔记。毛泽东就有写课堂笔记和读书心得的读书方法和习惯。以他读过的《伦理学原理》一书为例，仅十多万字的书，就有眉批和提纲密密麻麻多达 12000 字。书中比较精辟重要的内容，更是浓圈密点地标注出来。从中可以看出毛泽东读书的认真刻苦。

当代著名经济学家茅于轼也非常赞同"不动笔墨不看书"的观点。他说："我们拿起一本书来读，不是为读而读，读书是为了思考，是表示你在想某一个问题。既然是在想问题，那当然就应该用笔墨记下别人的精彩、自己的思考、作者对你的启发、你与作者的共鸣，乃至你对作者的不同意见。"任意翻开茅老书架上的一本书，都会发现书中有细密的圈圈点点。

四、边阅读边思考

阅读很重要，但如果没有自己思考的加入，阅读可能还真是一桩害人的事。在历史上，有很多这样只会读书、遇事奉行教条而导致失败的例子。其中，大家耳熟能详的"纸上谈兵"的故事就是这种食古不化的代表。赵括熟读兵书，在战场上死搬兵书教条，结果长平一战大败，40 万赵国大军全部被秦国名将白起坑杀，使赵国元气大伤，从此衰落。

由此可见，如果在阅读时不懂得开动脑筋思考，就如同人吃饭一样，只贪图口腹之欲，就不会品出其中的滋味。苏轼说："旧书不厌百回读，熟读深思子自知。"朱熹说："读书之法无他，惟是笃志虚心，反复详玩，为有功耳。"父母要让孩子懂得，认真思考是阅读的一个重要环节。一如古人所说："读书不知味，不如束高阁。"为了数量不加思考的阅读方式是不可取的。

著名作家巴金就特别重视在阅读中思考，他在十几岁读书时有问题不明白，想了几十年，在思路上遇到种种障碍，仍然要顺着思路前进，在几十年后终于得到了解答。他就是这样一个人，他喜欢在思考中阅读，在阅读中思考，在读书中遇到问题时，就会穷追不舍，咬住不放，哪怕时间一去就是几十年。巴金这样总结自己阅读爱思考的习惯："用自己的脑子思考，越过种种的障碍，顺着自己的思路前进，很自然地得到了应有的结论。"

五、坚持每天阅读

要想让阅读真正起到应有的重要作用，需要时间投入和量的积累，而要做到这一点，唯一的办法就是坚持。

教育家徐特立曾说："我半工半学，读了许多古书，还读了旧的地理、历史和数学……我一面自学，一面教课，这样教和学并进。"徐特立读书的一个重要习惯就是"有恒"。他阅读从不贪多图快，而是注重实效。《说文解字》是我国有史以来第一部系统分析字形和考究字源的字典，有9000多个字，字体均为篆籀古文，非常难读、难记。徐特立曾刻苦攻读这部书，他每天只能记住两三个字，晚上睡觉时用右手的食指在左手的掌心里默写白天学过的字，直到熟练了才学下一个字。按这样的方法和速度要学完这本词典上的9000个字将需要近10年的时间，一种阅读行为要持续这么长时间，如果没有持之以恒的治学精神是绝不可能做到的。

徐特立从43岁开始学习外文，也是用这样的方法。他每天学一个生词，一年就牢牢记下了365个基本单词。就是靠这样的学习方法，他掌握了法语、德语和俄语。

从徐特立的读书经验来看，持之以恒对阅读能力的培养非常重要。一个人无论做什么事，坚持都是最为重要的决定因素之一，阅读当然也不例外。试想，一个人如果在阅读的时候总是一曝十寒，就一定难有好成绩。

六、掌握阅读的方法

读书要讲求方法，这样才能有效促进持久学习力的形成。正确的阅读方式可以增进读书的效率，也可以节省时间、并能加深对所读书籍的理解。

◎泛读

泛读是指读书的涉猎面要广。要广泛汲取各方面的知识，使自身具备一般常识。喜欢读小说的人可以多读读自然科学方面的书，喜欢读科普书籍的人可以抽出时间多读读历史书籍。人的思想如同身体一样，都需要均衡的养分，如果太过于偏食就会造成营养不良。所以，要打开思路，以博采众家之长，使自身具备全面的知识基础。

◎精读

朱熹在《读书之要》中说："大抵读书，须先熟读，使其言皆若出于吾之口；继以精思，使其言皆若出于吾之心，然后可以省得尔。"这里"熟读而精思"，即是精读的含义。对于专业书和经典的大家名作应该采取这种方法来阅读，因为只有精心研究，细细咀嚼，文章才能被"吃"出味道，更加利于"吸收"。反复琢磨、悉心研究的结果务必使自己对于作者的意图和思想更能明白透彻，以便吸取精华。

◎通读

通读指对一篇文章从头到尾的通览一遍，这样做的目的在于读懂、读通、了解大意，以求一个完整的印象。这种阅读方法，适用于平时的书报杂志的阅读。

◎跳读

跳读是一种跳跃式的读书方法。用这种方法阅读，重点在于掌握书的筋骨和脉络，为了了解书的结构，甚至可以把书中无关紧要的内容放在一边，重点掌握各个部分的观点。另外，当阅读遇到疑问，百思不得其解时，通常也会选择这种方法，为的是通过概览书的后续内容而加深对前面内容的理解，使得书的内容能够前后贯通。

◎速读

东晋诗人陶渊明提出了"好读书，不求甚解"的读书方法，即是速读。阅读的时候通常一目十行，为的是对文章迅速浏览一遍，只了解文章的大意。这种阅读方法加快了阅读速度，扩大了阅读量，比较适用于阅读同类的书籍或参考书等。

◎略读

这是一种粗略读书的方法，指的是在阅读时随便翻翻、略观大意的做法。可以只专注一本书或者一篇文章中的评论性文字，旨在弄清其主要观点，了解主要事实或典型事例。

不同的阅读方法分别适用于不同的读书目的，我们可以根据自身的阅读要求对照上述方法，选择最适合自己的阅读方法，一定能达到事半功倍的阅读效果。

纵观古今中外，凡是有成就的人，几乎都是热爱阅读的人。

闻一多先生是著名学者，他读书成瘾，竟然一看就"醉"。他结婚那天，亲朋好友一早就都来登门贺喜了，但直到迎亲的花轿快到家时，人们却找不到新郎了。大家到处寻找，最后竟在书房里找到了他。他手里捧着一本书入了迷，仍穿着旧衣袍。难怪别人都说他不能看书，一看就要"醉"。

鲁迅先生从小酷爱读书。少年时，曾在江南水师学堂学习。第一学期，他因成绩优异，学校奖给他一枚金质奖章。他立即拿到南京鼓楼街头卖掉，然后买了几本书，又买了一串红辣椒。每当晚上夜读寒冷难以忍耐时，他就摘下一只红辣椒，放在嘴里嚼着，辣得额头直冒汗。他就用这种办法驱寒，坚持阅读。

可见，凡是有成就的人都把阅读作为提高自己水平的主要渠道。正如高尔基所说："当书本给我讲到闻所未闻，见所未见的人物、感情、思想和态度时，似乎是每一本书都在我面前打开了一扇窗户，让我看到一个不可思议的世界。"

第六节　生也有涯，知也无涯
——求知之美

"凡属人类都生而具有求知欲。"这是亚里士多德的名言。在当今社会看来，生命的意义就在于求知。

生命的意义在于求知

古今中外不乏努力求知的例子。古代苏秦，头悬梁，锥刺股，试问现在有谁可以为求知而刻苦到此般地步？而正是这种刻苦让他成了历史名人。著名作家罗素曾这样写道："对爱情的渴望，对知识的追求，对人类强烈不可遏制的同情心，这三种纯洁而无比强烈的激情支配着我的一生。"可见，求知，在他的生命中是何等的重要。

周恩来在南开求学时除了课堂学习，在课外还读了许多书报，尤其喜欢读孙中山先生等领导的革命派办的《民权报》《民生报》，以及当时中外进步思想家的著作。所以，他的知识丰富，眼界开阔，思想活跃。有一次，他在书店看到了一部精印的《史记》，就毫不犹豫掏出伙食费把它买下，如饥似渴地阅读起来。

那时候，他对学习目的已认识得很清楚。他在一篇题为"一生之计在于勤论"的作文中写道："人一生求学，惟青年为最大之时期，基础立于此日，发达乎将来。"他认为现在努力求学，是为了日后能"作事于社会，服役于国家，以其所学，供之于世"，他是在苦苦地打基础，作准备呀！

他的勤奋苦学，品学兼优，使全校师生十分钦佩。校长称他为南开最好的学生，同学说他是在万苦千难中创造出的优异成绩。第二年，经老师推荐，学校破例免去了他的学杂费。周恩来成了全校唯一的免费生。

1917年6月，周恩来以全班第一名的优异成绩毕业了。他在南开学习4年，把自己锻炼成为一个追求进步、品学兼优，多才多艺的青年。

求知是每个人应该具有的素质，它引导着我们的进步。那么，为什么求知重要到是生命意义的地步呢？

首先求知是为了个人的发展。我们都在争取做一个对国家、社会有用的人，开始我们或许什么都不懂，但只要我们保持着那颗求知的热心去感知这个世界，那么我们的灵魂将会得到升华，我们也会获得用知识武装自己的机会。因为知识，我们懂得了尊重其他生命，因为知识，我们明白了亲情温暖的重要，我们的心灵得到了净化，能力得到了提升。

再者，个人素质都提高了，社会自然就进步了。还有，因为对知识的渴望，人类努力地探索宇宙奥秘，也因为对知识的渴望，人类极力去研究未解之谜，于是求知的热情便推动着人类的发展滚滚向前。

求知的方法

"活到老学到老。"这句话告诉我们知识是无穷无尽的，所以我们得端正我们的心态，不论达到什么程度都不能骄傲，都要虚心地去求知。而且生活处处是科学，我们要细心地、认真地去求知，从一件件的小事去体会、学习知识。那具体我们应该如何去求知呢？

★"习惯是人生的主宰，人们应当努力求得好习惯。"培根如是说。青年就要把学习当成一种习惯。改革开放创造了巨大的物质财富和精神财富，但是，也不可避免地带来了一些消极的影响。受"读书无用论"影响，许多人把学习当成了一种负担。正如成功学家奥里森·马登所言：“从一个人打发空闲时间的方式上，我们可以看出他人生的基调。”在现实生活中，有的人空闲时间是真正的空闲，就是用来打扑克、逛商场、出去应酬等；而有的人的空闲时间却是用心读书、思索，不断通过学习和进取丰富自己。我们知道，一棵树吸收阳光和水分的能力越强，它就会生长得越高越快，枝繁叶茂。同样的道理，青年人只有让学习成为自己的一种习惯，一种常态，一点点积累自己的知识和能力，才能对自己的潜质和潜能不断挖掘和发展，才能真正掌握自己的命运。

★“书籍是人类进步的阶梯。”人的一生都在捧读两本书。要读好、读活“有字的书”。书籍作为人类文化最独特的载体，不仅传递着人们对自然与社会已知的认识和体察，也展现着人类思想发展的历程。常读书、读好书，既可以帮助我们丰富阅历和生活智慧，加深对人生的理解和思考，更能够帮助我们走出自我的狭小，领略境界的高远和胸襟的开阔。当然，书并不是万能的，在读好书本知识的同时，我们还需要读好“无字的书”。“从无字处读书”，这正是古人教导我们的要从生活中、从社会实践中吸取书本上没有的知识。

“纸上得来终觉浅，绝知此事要躬行。”读好“无字的书”，首先要多参与社会实践，要在实践中向社会学、向生活学、向群众学。要多开展调查研究，深入社会，深入基层，深入群众，掌握民情，集中民智，反映民意。读好“无字的书”，还要多向别人学习。“每个人都会有自己崇拜的对象。我们愿意崇拜和学习那些离我们遥远的伟大，却往往忽略了近在身边的智者，这一点在工作中体现得更为充分。”因此，在工作中、生活当中要认真向长者学习，要向身边的同学学习，利用他们的长处弥补自己的短处。只要读好了这两本书，我们心中的理想和信念就会在对实践的感悟和阅读的思考中日益丰满与完善。

★要学会感动。在日益理性的环境中，有不少人认为学习是枯燥乏味的，因为他们习惯于从功利主义的目的出发，把学习仅仅当成了一种工具，不断地在各种知识面前忍受着折磨。其实，知识来源于生活，它承载着人类的生活规则和生存意义。当我们把学习当成一种生活的态度，在学习中充满激情和感动，透过书本与作者进行心灵的交流，作者欢乐时，我们能够开怀大笑；作者悲伤时，我们也会潸然泪下。那么，我们在勇于奋斗、自强不息、积极向上的学习过程中，会更加负有责任，从而升华对学习的真挚理解，去欣然品味人生，去快乐地追求成功的目标。

★要学会超越。学习的目的不仅仅在于增长知识。法国学者福柯说过："作者已死，读者复生。"他告诉我们书本作为一种客观存在，其中蕴藏的思想和意义需要读者的领悟和挖掘，而这个挖掘的过程也就是解读和二次创新的过程。当我们能够在学习的过程中勤于思考、善于思考时，才会产生思想的火花，才会在前人的基础上有所创新。"百家讲坛，坛坛都是好酒。"

培根曾经说过，精神上的各种缺陷，可以通过求知来改善——正如身体上的缺陷，可以通过适当的运动来改善一样。在这个万紫千红的世界里，我们通过观察、倾听、思索还有发问，能学会求知并获取一个又一个的财富。求知不仅仅是一种生存的本能，谋生的需要，更是一种人生的态度，还应该是生活的享受。

孟德斯鸠说过，喜爱读书，就等于把生活中寂寞无聊的时光换成巨大享受的时刻。唯有求知，可以染绿内心的荒漠；唯有求知，才有望改变世界的荒凉！知识改变命运，真知影响人生，这是早已被无数成功事例、无数伟人证明了的道理。

青少年朋友们，只要我们树立远大理想，脚踏实地刻苦学习不懈探索，就一定能用辛勤和汗水铸就美丽人生！让我们努力学习，从我做起，从今天做起，走好求学之旅，让文明之火薪火相传，让勤奋的汗水浇开知识之花，让智慧之光照亮我们的心田，用自己的拼搏书写一个无悔的青春！

第 **4** 章

好的性格是成功的开始——美的品质

  "人"字的结构只有一撇一捺，但是真正写好却非易事。一划朝天，两笔踏地，意为顶天立地。做一个好人不见得非得顶天立地，但起码要对得起良心。如果你是一个受人尊敬的人，那么，你应该三思而行，要有远见卓识，要有深谋远虑。

  做人要有良好的品德。真正良好的品德包含两层意思：一曰诚信；二曰坦率。"君子修身，莫善于诚信。"这是古人对诚信的认知。

第一节 自信者行，自强者赢
——自信之美

　　信心帮助你塑造坚强的意志和性格。凡对自己有信心的人必然是乐观的，他俯仰无愧，内省不疚，自觉足跟站得稳，根本没有动摇，无论在何种艰险困难的境遇中，都不会失掉自信心，他努力不懈，相信自己有转败为胜、转不幸为幸的力量。

　　萧伯纳曾说："年轻时，我每做十件事有九件不成功，于是我做十倍的工作。"这就是一种非常乐观的信心。

　　作为成功的第一秘诀，自信是一个人取得成功的内在驱动力。只有自信的人才能够在成功的路上步履如飞，而缺乏自信的人一定是步履蹒跚的。

每个人心头都隐伏着一头雄狮

　　土耳其谚语说："每个人的心中都隐伏着一头雄狮。"中国古语说："人皆可以为舜尧。"这些鼓舞人心的话道出了这样一个真理：每个人都可以成功。只要我们相信自己的力量，充分发挥自身的潜能，每个人都可以大有作为。

　　自信心是一个人取得成功的内在驱动力。它能够使弱者变强，强者更健。只有自信的人才有可能在成功的路上健步如飞，而缺乏自信的人一定是步履蹒跚者。美国作家爱默生说得好："自信是成功的第一秘诀，自信是英雄主义的本质。"对青少年来讲，在内心树立起自信，用自信激发出自己内在的勇气和雄心，是他们迈向成功人生的第一步。

　　20 世纪 30 年代，在英国一座普通的小城里，有一个叫玛格丽特的姑娘，从小就在父亲严格的管教下成长。父亲经常向她灌输这样的观点：无论做什么事情都要力争一流，永远走在别人前头，而不能落后于人。"即使是坐公共汽车，你也要永远坐在前排。"父亲从来不允许她说"我不能"或者"太难了"之类的话。

　　父亲这种近乎残酷的教育理念，培养出了玛格丽特积极向上的决心和信心。在以后的学习、生活或工作中，她时时牢记父亲的教导，总是抱着一往无前的精神和必胜的信念，尽自己最大的努力克服一切困难，做好每一件事情，事事必争一流，以自己的行动实践着"永远坐在前排"的誓言。

　　玛格丽特上大学时，学校要求学五年的拉丁文课程。她凭着自己顽强的毅力和拼搏精神，仅在一年之内便修完了五年的拉丁文课程。令人难以置信的是，她的考试成绩竟然名列前茅。玛格丽特不光在学业上出类拔萃，她的体育、音乐、演讲也都出类拔萃。当年她所在学校的校长评价她说："她无疑是我们建校以来最优秀的学生，她总是雄心勃勃，每件事情都做得很出色。"

　　正是在这种"永远都要坐在前排"精神的激发下，40 多年以后，玛格丽特成为英国乃至整个欧洲政坛上一颗耀眼的明星。她就是连续四年当选保守党领袖，并于 1979 年成为英国第一位女首相，雄踞政坛长达 11 年之久，被世界政坛誉为"铁娘子"的撒切尔夫人。

　　"永远都要坐在前排"是一种积极、自信的人生态度，它可以激发你积极进取的精神，促使你努力把梦想变成现实。

　　林肯总统说过，喷泉的高度不会超过它的源头，一个人的事业也是一样，他的成就不会超过自己的信念。如果你想像玛格丽特那样取得骄人的成就，就不能轻视自己的信心，以小人自甘。要在内心树立起自信，抛弃无所作为，甘居下游的想法，充满信心地去施展自己的才华。

　　俄国著名的文学家高尔基说过："人最凶恶的敌人，就是意志的薄弱和信心的缺乏。"信心的缺乏会限制一个人的潜能，束缚一个人的发展。而树立自信的关键就在于我们的内心。

有一则寓言，说的是一个懦夫想摆脱自己软弱的个性，让自己变得勇敢起来，就报名参加了"杀兽"学校。这所学校专门培养人的能力和胆量，使人敢于拿起剑去杀死吞食少女的怪兽。校长是有名的魔术师莫里。莫里对懦夫说："你不必担心，我给你一把魔剑，此剑魔力无边，可以对付各种凶恶的怪兽。"培训中这位懦夫使用魔剑杀死了很多条模拟的怪兽。结业考试时，他将面对真的吞食少女的怪兽了。不料冲到山洞口，怪兽伸出头露出狰狞面目时，他抽出剑，却发现拿错了剑，魔剑丢在了学校，手中的剑只是平日玩时用的。这时后退已不可能，一旦那样，就会被怪兽吞食。他挥动那普通的剑，居然杀死了怪兽。莫里校长会心地笑了，他说："我想你现在已经知道了没有一把剑是魔剑，唯一的魔力在于相信自己。"

这则寓言说明了这样一个道理：每个人都有创造奇迹的魔力，只要你相信你自己，真正的魔剑就在你的内心。生活中，我们难免会有畏难和退缩的时候，在巨大的困难和压力之下，我们常常会背上沉重的心理包袱，甚至会因此而丧失自信，这个时候你就要勇敢地站出来、直面困难，相信自己的能力，这样，困难就不会成为你成功的阻碍。

著名的成功学大师拿破仑·希尔说过："成功并不是少数人的专利，每个人的出生都是为了成为一个成功者。"只要你能够在自己的内心树立起自信，你和所有的伟人及成功者一样，都能够拥有卓越的人生。

乔伊是一名出色的新闻记者，曾经获得过著名的普利策新闻奖。然而正是这样一位勤奋且富有才华的人，也曾因为自己是黑人而强烈地自卑过。乔伊在回忆自己童年经历时说："我们家很穷，父母都靠卖苦力谋生。那时，我父亲是一名水手，他每年都要往返于大西洋各个港口之间。我一直认为，像我们这样地位卑微的黑人是不可能有什么出息的，也许一生都会像父亲工作的船只一样，漂泊不定。"

乔伊10岁那年，父亲带他去参观凡·高的故居。在那张著名的吱嘎作响的小木床和那双龟裂的皮鞋面前，乔伊好奇地问父亲：

"凡·高不是世界上最著名的大画家吗，他难道不是百万富翁？"父亲回答他说："凡·高的确是世界著名的画家，同时，他也是一个和我们一样的穷人，而且是一个连妻子都娶不上的穷人。"

又过了一年，父亲带着乔伊去了丹麦，在童话大师安徒生狭小简陋的故居里，乔伊又困惑地问父亲："安徒生不是生活在皇宫里吗？可是，这里的房子却这样破旧。"父亲答道："安徒生是个砖匠的儿子，他生前就住在这栋残破的阁楼里。皇宫只在他的童话里才会出现。"

从此，乔伊的人生观完全改变。他不再自卑，不再以为只有那些有钱有地位的人才会出人头地。他说："我庆幸有位好父亲，他让我认识了凡·高和安徒生，而这两位伟大的艺术家又告诉我，人能否成功与贫富毫无关系。"

一个人的成就与他的出身和贫富并没有太大关系，成功并不是天才和伟人的专利，只要我们能够树立起对自己的信心，唤起自己心中的雄狮，就可以和伟人一样取得令人瞩目的成就。

信念是所有奇迹的萌发点

美国纽约州第一位黑人州长罗尔斯从小并不怎么受老师欢迎，跟那里很多孩子一样有着诸多不良习惯：总是口出秽语，还喜欢逃课打架……刚上任的教师奥里森煞费苦心地劝说这些孩子，却像对牛弹琴一样，一点儿效果也没有。

奥里森实在不甘心看到这些孩子再这样发展下去，便想出了一个绝妙的方法。他知道这里的人们非常迷信，于是就在课堂上给孩子们看起了手相。起初，孩子们都不太高兴，后来由于看到奥里森对大家手相的推测，一个个将来不是地位显赫就是家财万贯，因此孩子们也都乐意接受起来。

罗尔斯看到同伴们的命运都如此之好，按捺不住自己，最终也走上台去，让老师帮自己也看一看。奥里森煞有介事地把这只黑乎乎的小手看了又看，"研究"了好半天，然后认真地说道："你以后一定会是纽约州的州长。"

"这是真的吗？我会是一名州长？"罗尔斯有点不敢相信自己的耳朵。他疑惑地望着老师，但从此却在心里暗暗确立了当州长的信念。

从那以后，罗尔斯改掉了自己身上的种种恶习，在他看来一个真正的州长就应该是这样的。一直以来，他心中当州长的念头丝毫没有动摇，他始终朝着自己的目标奋斗着。51岁那年，罗尔斯登上了纽约州第53任州长的宝座。他是有史以来，纽约当选的第一位黑人州长。

在罗尔斯的就职演说中，有这么一句话，他说："信念值多少钱？信念是不值钱的，它有时甚至是一个善意的欺骗，然而你一旦坚持下去，它就会迅速升值。"

因此我们可以说：在这个世界上，信念这种东西任何人都可以免费获得，所有成功的人，最初都是从一个小小的信念开始的——信念就是所有奇迹的萌发点。

信念是一个人成功的动力，是造就人生奇迹的伟大力量。如果你想了解奇迹背后是什么的话，请你阅读下面这个美国小男孩的故事：

这个小男孩的父母希望他们的儿子能成为一位体面的医生。可是，男孩读到高中便被计算机迷住了，整天鼓捣着一台十分落后的苹果机，他把计算机的主机拆下又装上。男孩的父母很伤心，告诉他，应该用功念书，否则根本无法立足于社会，可是，男孩说："有朝一日我会开一家公司的。"但是，父母根本不相信，还是千方百计按自己的意愿培养男孩，希望他能成为一位医生。

不久，男孩终于按照父母的意愿考入了一所医科大学，可是他只对电脑感兴趣。在第一学期，他从当地零售商处买来降价处理的IBM个人电脑，在宿舍里改装升级后卖给同学。他组装的电脑性能质量十分优良，而且价格便宜。不久他的电脑不但在学校里走俏，而且连附近的律师事务所和许多小企业也纷纷来购买。

　　第一个学期快要结束的时候，他告诉他的父母，他要退学，父母坚决不同意，只允许他利用假期推销电脑，并且承诺，如果一个夏季销售不好，那么，必须放弃电脑。可是，男孩的电脑生意就在这个夏季突飞猛进，仅用了一个月的时间，他就完成了18万美元的销售额。他的计划成功了，父母很遗憾地同意他退学。他组建了自己的公司，打出了自己的品牌。

　　在很短的时间内，他良好的商业成绩引起投资家的关注。第二年，公司顺利地发行了股票，他拥有了1800万美元资金，那年他才23岁。10年后，他创下了比尔·盖茨般的神话，拥有资产43亿美元。他就是美国戴尔公司总裁迈克尔·戴尔。比尔·盖茨曾经亲自飞赴他的住所向他祝贺。比尔·盖茨对他说："我们都坚信自己的信念，并且对这一行业富有激情。"两位商业巨人的手紧紧地握在一起。

　　戴尔的成功告诉我们，每项奇迹，总是始于一种伟大的想法。或许没有人知道今天的一个想法将会走多远，但是，我们不要怀疑，只要沉下心来，努力去做，那么心中的梦想就会触手可及。

　　信念好比航标灯射出的明亮的光芒，在朦胧浩瀚的人生海洋中，牵引着人们走向辉煌。高高举起信念之旗的人，对一切艰难困苦都无所畏惧。相反，信念之旗倒下了，人的精神也就垮了下来，而从来就不曾拥有过信念的人对一切都会畏首畏尾，在漫长的人生旅途中抬不起头，挺不起胸，迈不开步，整天浑浑噩噩，看不到光明，因而也感觉不到人生的幸福和快乐。

自信多一分，成功多十分

　　自信是我们战胜困难，取得成功的重要动力。自信是成功的助燃剂，自信多一分，我们的成功就可以多十分。

　　世界酒店大王希尔顿，用200美元创业起家，有人问他成功的秘诀，他说："信心。"

拿破仑·希尔说："有方向感的自信心，令我们每一个意念都充满力量。当你有强大的自信心去推动你的致富巨轮时，你就可以平步青云。"

美国前总统里根在接受《SUCCESS》杂志采访时说："创业者若抱有无比的信心，就可以缔造一个美好的未来。"

自信是成功不可少的条件。而当机会来临的时候，我们是否能把握住，往往取决于我们是否有足够的自信，这儿有两个很好的例子：

拳王阿里有一个绰号叫"牛皮诗大王"。他每次比赛前都喜欢作诗，以表达自己必胜的自信心。如他经常宣传的诗句是："最伟大的拳王，二十年前便已露锋芒。我美丽得像一幅图画，能把任何人打垮……"

也许正是因为心中充满了自信，才使得阿里一次次击败对手。在世界上，人们可能不知道外国总统是谁，但人人都知道拳王阿里。

鲍勃·卢斯曾被40位著名的运动员评为美国运动史上最伟大的运动员。他们认为他善用他的天才，他给予运动界的冲击是无与伦比的。至于他为何会这么伟大，大家一致认为那是因为他自信十足。

有一次，在世界冠军赛争夺战中，大家就等着他击出一支全垒打而获得冠军。后来，他在对方投出两分球而未挥棒后，第三球终于击出了一支全垒打，全场观众为之疯狂。

事后，在休息室里，有位队友问他万一第三球失败的话怎么办？

"哦……我从未想到这点。"他回答道。

这就是自信，相信你能完成你的目标。有自信的人会说："我能干，我可以跟环境配合。不只如此，我还能赢得这场生活游戏。"

人是自己命运的舵手，自信就是指引人生小舟航向的罗盘。

人生前途的成败得失和幸福与否，关键在于是否树立了坚强的自信心。一个人心中充满了自信，他的前程必然是一片坦途。这一点美国旅馆大王、世界级的巨富威尔逊的经历可以给我们启示。

威尔逊在创业之初，全部家当只有一台分期付款赊来的爆米花机，价值50美元。第二次世界大战结束后，威尔逊做生意赚了点钱，便决定从事地皮生意。如果说这是威尔逊的成功目标，那么，这一目标的确定，就是基于他对自己的市场需求预测充满信心。

当时，在美国从事地皮生意的人并不多，因为战后人们一般都比较穷，买地皮修房子、建商店、盖厂房的人很少，地皮的价格也很低。当亲朋好友听说威尔逊要做地皮生意时，异口同声地反对。

而威尔逊却坚持己见，他认为反对他的人目光短浅。他认为虽然连年的战争使美国的经济很不景气，但美国是战胜国，它的经济会很快进入大发展时期。到那时买地皮的人一定会增多，地皮的价格会暴涨。

于是，威尔逊用手头的全部资金再加一部分贷款在市郊买下很大的一片荒地。这片土地由于地势低洼，不适宜耕种，所以很少有人问津。可是威尔逊亲自观察了以后，还是决定买下这片土地。他的预测是：美国经济会很快繁荣，城市人口会日益增多，市区将会不断扩大，必然向郊区延伸。在不远的将来，这片土地一定会变成黄金地段。

后来的事实正如威尔逊所料。不出三年，城市人口剧增，市区迅速发展，大马路一直修到威尔逊买的土地的边上。这时，人们才发现，这片土地周围风景宜人，是人们夏日避暑的好地方。于是，这片土地价格倍增，许多商人竞相出高价购买，但威尔逊不为眼前的利益所惑，他还有更长远的打算。后来，威尔逊在自己这片土地上盖起了一座汽车旅馆，命名为"假日旅馆"。由于它的地理位置好，舒适方便，开业后，顾客盈门，生意非常兴隆。从此以后，威尔逊的生意越做越大，他的假日旅馆逐步遍及世界各地。

威尔逊的经历告诉我们，一个人的成败和他的自信心息息相关。如果一个人时刻对自己充满自信，能够坚定不移地去做自己心中认定的事情，那么即使他才能平平，也可以取得卓越的成就。

人生的最佳状态，就是不断追求成功，不断获得成功。信心使我们变得勤劳，为了达到目的，我们必须不懈地、顽强地追求，从而走向成功。信心能使你在人生的各种竞争中把握方向，竭尽努力，获得成功。

人的一生，可能会碰到许多困难，可能会使我们丧失信心。每当遇到这种情况，我们就要冷静地想一想，不妨自己跟自己交谈，自己给自己一点鼓励，一旦自己说服了胆怯的自己，征服了懒惰的自己，就能坚定信念，走向成功。

第二节　兼听则明，偏听则暗
——倾听之美

自然赋予我们人类一张嘴，两只耳朵，也就是让我们多听少说。

——（古希腊）苏格拉底

我们不需要为了显出很有智慧的样子，就搬出一堆充满洞察力的评论，我们所需要的只是倾听，并试着了解对方，询问人们怎样想，感受如何，以及为何如此。

——（美国）富兰克林

当朋友静默的时候，你的心仍然要倾听他的心，因为在友谊里，不用言语，一切的思想，一切的愿望，一切的希冀，都在无声喜乐中发生而共享了。

——（黎巴嫩）纪伯伦

倾听，是大自然赋予人们的一份美好的礼物。但事实上，在这个崇尚表达的时代，并不是每个人都能做到用心倾听。

很多人都不约而同地忽视了倾听的重要性。更多的时候，当讨论一件事情时大家会发现，人人都在发表自己的高见，但是每个人都只是在孤独地对自己说，因为他的对手也同样在喋喋不休，人人都在以自我为中心讲个不停。

美学与人生——靓丽人生的风景

懂得倾听是一个成熟人的基本素质

人生活在社会中，需要不时地与各种各样的人打交道。善于倾听，才是成熟的人最基本的素质。正因为缺少倾听的耐心，心高气傲的人们之间就多了一道隔阂，沟通变成了一件有难度的事情。

曾经有个小国的人到中国来，进贡了三个一模一样的金人，把皇帝高兴坏了。可是这小国的人不厚道，同时出一道题目：这三个金人哪个最有价值？皇帝想了许多办法，请来珠宝匠检查，称重量，看做工，都是一模一样的。

怎么办？使者还等着回去汇报呢。泱泱大国，不会连这个小事都不懂吧？最后，有一位老大臣说他有办法。皇帝将使者请到大殿，老臣胸有成竹地拿着三根稻草，插入第一个金人的耳朵里，这稻草从另一边耳朵出来了。第二个金人的稻草从嘴巴里直接掉出来，而第三个金人，稻草进去后掉进了肚子，什么响动也没有。老臣说：第三个金人最有价值！使者默默无语，答案正确。最有价值的人，不一定是最能说的人。老天给我们两只耳朵一个嘴巴，本来就是让我们多听少说的。善于倾听，才是成熟的人最基本的素质。

人与人之间需要沟通、协作。是否善于倾听，不仅体现着一个人的道德修养水准高低，也关系到能否与他人建立起一种正常和谐的人际关系。

学会悉心倾听，就等于掌握了了解别人的金钥匙，就能顺利地赢得朋友。一个善于倾听的人，也注定会获得朋友的理解和帮助。

一个人在遇到麻烦时，不是需要别人给他忠告，而是只需要一位友善的、具有同情心的听者，以减缓心理上的巨大压力，解脱思想上的极度苦闷。心理学家已经证实：倾听可以减轻他人的压力，帮助他人清理思绪。倾听对方的意见或议论是尊重对方的表现，以同情和理解的心情倾听别人的谈话，不仅是维系人际关系，保持友谊的有效方法，也是解决冲突、矛盾和处理抱怨的权宜之策。

很多时候，人们都是对自己的事更感兴趣，对自己的问题更关注，更喜欢自我表现。一旦有人专心倾听谈论自己时，就会感受自己被重视。倾听他人的声音，就能真实地了解他人，增加沟通的效力。一个不懂得倾听的人，通常也是一个不尊重别人的观点和立场、缺乏协调性的人。这种人无可避免地会造成他人的反感。

每个人都希望有一个倾诉对象，也希望别人了解自己。但是如果两个人都希望倾诉和被了解，却没有一个人愿意去做倾听者的话，两个人就很难达成共识。所以，如果想被别人了解，就必须学会听别人倾诉。一个人只有愿意了解别人，别人才愿意了解你。

不要低估倾听的巨大作用，倾听可以创造出令人难以预料的结果。如果倾听长者的劝告，人生道路上就会少很多弯路；如果注意倾听顾客真正的需求，就可以避免把时间、金钱浪费在他人不需要的东西上。

美国石油大亨约翰·洛克菲勒对于倾听的习惯极其推崇，他说："我们的策略一直都是：悉心地倾听和开诚布公地讨论，直到最后一点证据都摊在桌上才尝试着达成结论。"他所实行的决策都是经过倾听大家的意见，通过论证才下结论的。所以，只有懂得倾听的人，才有可能在学习、事业、家庭等各方面取得成功，并且能把握住别人错过的机会。

如何去倾听

倾听他人的过程，也是一个学习的过程。一位名人说："学会了如何倾听，你甚至能从谈吐笨拙的人那里得到收益。"心理学研究表明，越是善于倾听他人意见的人，与他人关系就越融洽。倾听是一门艺术，更是一种能力，只有懂得并掌握这种能力，才易于沟通、交流与合作。那么，应该怎样培养悉心倾听的能力呢？

一、倾听要专注

关于专注倾听，美国哈佛大学校长劳伦斯·萨默斯说过："生意上的往来，并无所谓的秘诀……最重要的是，要专注眼前同你谈话的人，这是对他人最大的尊重。"

专注倾听，就是认真地听对方讲话，对方通过语言将词汇传达到我们的脑海中，我们再根据自己原来对词汇的定义将它组合为应有的意思。有理由相信，当一个人专注地去倾听某人的谈话时，就是在传递一个信息：他对这个人非常感兴趣，也非常在乎这个人的感受，并且尊重这个人的想法。

> 戴尔·卡耐基是美国最有影响的人生导师，一次他到一个著名植物学家那里做客，整个晚上，那个植物学家都津津有味地给卡耐基谈各种千奇百怪的植物。而卡耐基呢？听得津津有味，目不转睛，像个特别喜欢听故事的孩子，中间只是偶尔忍不住问一两句。
>
> 没想到，半夜离开时，植物学家紧握着卡耐基的手，显得特别高兴和满足，还兴奋地对卡耐基说："你是我遇到的最好的谈话专家。"善于倾听，意味着要有足够的耐心去强迫自己对别人讲话的内容感兴趣。专注倾听的态度还表明，你非常重视他的付出，并且能够理解他的思想，更重要的是，认为他的话值得去聆听。

如果一个人认为生活像剧院，自己就站在舞台上，而别人只是观众，自己正在将表演的角色发挥得淋漓尽致，而别人也都注视着自己。这样，他就会变得以自我为中心，也永远学不会聆听，永远无法了解别人！

学会专注倾听，并不意味着单向付出，这会让一个人拥有很多朋友。每个人的生活都是一种独特的经历，每个人都是一部内容丰富的教科书，专注倾听可以从朋友那里汲取成长所需的养分，别人的痛苦与失落，也是对自己的一种提醒。

二、保持平和的心态去倾听

一般来说，不能有效沟通的原因之一，就是倾听者总是带着个人好恶或称"有色眼镜"来衡量诉说者的谈话。比如，有人看起来很瘦小，又喜欢低着头，你对他的第一印象可能觉得他没有魄力。这样的谈话当然不会有很好的效率，所以，要摒弃这种不平等的交流方式，试图去了解倾诉者真实的意图。

倾听者要保持平和的心态，这对倾诉的人是非常重要的，再也没有比这样做更能打动讲话的人了。即使常发牢骚的人，甚至最不容易讨好的人，在一个有同情心及平和心态的听者面前，也都会软化下来。

要想做个高效率的倾听者，就一定要保持平等的心态去倾听。要习惯倾听滔滔不绝的倾诉声，懂得在内心的安静中让自己的心保持平和，聆听那些需要被倾听的声音。

三、运用肢体语言和眼神来鼓励倾诉者

肢体语言和眼神虽然不在语言的范畴之内，但是，它们起到的作用却不亚于语言。如自然的微笑、得体的坐姿、亲切的眼神、不时点头称是、身体前倾等，这些都能够起到促进交流、消除心理隔阂、鼓励交谈者自然且尽情地表达等作用。

有一项非常有趣的研究，这项研究结果显示，一个人在表达内心的心意时，所用措辞不管多好听，最多也只能传达 7% 的心意，表达时的语调能传达 38% 的心意，讲话时的表情和姿态却能够传达 55% 的心意。根据这个研究结果可以得知，一个人专注的倾听表情和姿态在传达心意过程中的重要作用。

所以，要善于运用肢体语言和眼神来鼓励倾诉者，要做出认真倾听的表情和姿态，倾听时要保持注意力，随时注意对方谈话的重点，在对方兴致正浓的时候，要用眼、手或简短的语言来加以反馈，尤其是要表达出所关注的内容正是对方谈话的要害所在。这样，倾诉者就会因为你的表情和姿态而变得兴奋，就会觉得自己是一个被重视且有价值的人，从而有利于培养倾诉者自我肯定、自我认同的人格特质。

假如仅仅用语言告诉别人——你"尊重"他，对方恐怕很难相信。用肢体语言和眼神的行动表达你对别人的认同胜过言语，事实上就表示你对他人的尊重。能让对方感受到：你的确是一个值得信赖、可以坦诚交流的人。

四、在倾听的过程中发问

在听对方说的过程中，可以采取询问的方式探索出更多的信息，并可以适时引导对方的谈话方向，以获取自己所需要的信息。

倾听他人，就要给予他人更多的说话时间。如果能够掌握恰当的提问方式，可以帮助他把说的机会给他人。这就好像一个具有高度专业素养的节目主持人，他总是会充满智慧地引导所有被采访者去表达他们内心的真实想法。

CCTV 著名节目主持人王志在《面对面》栏目中，常问嘉宾："为什么？""这又是为什么？"这既表明他在认真倾听，又说明他善于把倾听当作延续谈话的轨道。如果没有倾听，王志就不会提出那么多尖锐的问题，《面对面》也不会成为一档高质量的专栏节目。

节目主持人敏捷的觉察能力与认真倾听的态度，使他能够机灵地捕捉住一个又一个问题，倾听此时成了引导节目话题的钥匙。所以说，在倾听过程中发问，引导着倾诉者在沟通交流中起着巨大的桥梁和纽带作用。

倾听，不仅要倾听别人的声音，也要倾听平时少为人听或不为人听的声音，因为那里面也许藏有奇珍异宝。学会倾听，发掘生活中的小秘密，这就是许多人走向成功的秘诀。

第三节　功在勤奋，威在律己
——自律之美

所谓自制自律，就是自我控制、自我约束和自我修养，是通过社会化和继续社会化的教育过程，让人们树立正确的世界观和人生观，自觉地运用各种社会规范来指导、约束和检点自己的行为。自制自律与人的思想觉悟程度有密切的关系，能自制自律的人是自己行为的主人，反之则是自己行为的奴隶。

自律造就天才

自制自律是一种能力，它是基于对法规有明确认识的一种自觉行为，能帮一个人保持进取心，以积极的心态和饱满的精神去追求理想。因为，一个人只有先学会控制自己的思想，才能够有效控制自己的行为。法国军事家拿破仑说："不能控制自己的人永远是弱者。"圣雄甘地说："缺乏自制的人，很容易跌入失败的深渊。"苏联文学家高尔基则说："哪怕是对于自己小小的克制，也会使人变得更加坚强。"

其实，人最难战胜的是自己。也就是说，一个人成功的最大障碍不是来源于外界，而是自身，除了力所不能及的事情做不好之外，自身能做的事做不好或者干脆不做，那是自身的问题，是自制力的问题。

美国学者伯里斯道认为："坚信你是自己的创造者，是你思想习惯的主人。一旦你这样做了，你就成为不可战胜的人。没一个人能打败一个意志坚定的人，甚至死神在这样的意志面前也束手无策。"美国哲学家詹姆士这样建议道："你应该在每一两天做一些你不想做的事。"当一个人逼迫自己做一些不情愿做的事情时，他的自制自律力就在不断地提高。英国哲学家培根说："在获得胜利之后而能克制自己的人，就获得了双重的胜利。"这是自制自律的最高境界，这就要求一个人必须做到心态平和，不得意忘形。

自制自律是在一个人成就事业的过程中不可少的一大因素，可助其一臂之力。其实，一个人如果能够支配自我，控制住自己的情感、欲望和恐惧心理，那么他会比国王更伟大、更幸福。但如果缺乏自制自律，没有人能在生命过程中、在性格的完善和获得成就的道路上取得任何有价值的进步。自制和自律是刚毅本质的表现，也是性格的灵魂。正因为如此，自制自律能够造就一个天才，而自我放纵却能毁灭十个天才。真正的成功人士都是把才能置于自制自律之下的。

一个人能达到自制自律的要求后，在其他原则方面必然也会有所进步。自制自律要求对自我认识以及对自己能力有一个正确的评估。自制自律就像一条管道，而一个人为达成目标所必须表现出来的所有个人力量，都会流经这个管道。大多数的人都是先行动，再思考行动的后果，自律则要求相反的程序：人们将学习"谋定而后动"。

培养自律的方法

注意培养自身的自制自律能力，增强自身的自控力，才能为将来更好的发展做好充分的准备。

方法一：从小培养并及时督促

不可否认，自制自律是一种能力。一个高素质的文明人，行为一定会自觉符合社会规范。对于孩子，由于中枢神经系统尚未发育完善，神经冲动的传递容易泛化，不够准确，因而自制自律的能力比较弱。所以，应该从小就要培养自制自律能力。

"哈佛女孩"刘亦婷的妈妈就非常注意从小培养孩子的自制力。她认为：有的人管得住自己，有的人管不住自己。管得住自己的人不仅不会沦为"人渣"，还有可能成为"人杰"。管不住自己的人恰好相反。既然我希望婷儿朝"人杰"的方向发展，当然要把她培养成一个管得住自己的人。所谓"管得住自己"，就是有足够的自制力推动自己做该做的事，并阻止自己做不该做的事。

为了强化女儿的自制力，刘亦婷的妈妈经常在下班的路上把女儿带到商场门口，然后让她选择："如果你不喊我买东西，我们就进去逛，如果你喊我买东西，我们就不进去。你选择吧！"当她表示"妈妈，我不喊你买东西"时，她妈妈就带着她在商场里到处逛，教她认识各种物品。这对只有几岁的小孩来讲，要克制各种物质的欲望是很难的，但是，长期多次地重复这种克制欲望的过程，对于培养孩子的自制力有着极大的好处。

方法二：学会自我纠偏

在实践中，很多人常会出现一些偏差，甚至养成一些不良习惯。但一个善于自制自律的人，可以通过自制力的作用，对不良行为进行自我纠正。纠正的办法主要是实施自我强化。可以分三步进行：习惯解冻、习惯转变和新行为冻结。

习惯解冻是使自己与已习惯的环境、条件、来源隔离，严格进行自我批评并设计新的行为标准；习惯转变是新行为由外部行动转化为内部心理动作，加强自我监督，有助于强化新行为；新行为冻结是保持、强化环境，使新行为成为新习惯，或通过有阶段性的强化，防止新行为消失。

自我纠偏要讲求原则，原则性也是一种责任心，原则有大小层次之分，所有规范、制度、纪律等都是原则。父母还要让孩子懂得持之以恒，永不懈怠的重要性。俗话说："善始容易善终难。"必须持之以恒、善始善终，才能锤炼出高度自律的品格。大凡成绩卓著的人，都是十年如一日，专心致志的结果。只有从点滴开始，坚持不懈，才能自身逐步培养自制自律，并能得到不断的巩固与发展。

方法三：学会控制情绪

必须懂得约束自己，以使自己前进的推动力永远不会受到控制，而且会被导引到正确的管道中。要以理性来平衡自己的情绪，也就是说在做决定之前，应学习兼顾自己的感情和理性。有时甚至应该排除所有情绪，而只接受理性的一面。

我们必须控制并导引自己的情绪，只有这样，你才能发展自己，才能在未来的发展道路上所向披靡。

艾森豪威尔10岁时，他父母让他的两个哥哥在圣诞节前去远足，却坚决不同意他去。艾森豪威尔感到十分愤怒，他冲到屋外，捏紧拳头在苹果树上猛击。他一面哭一面打，双拳血肉模糊都没感觉到。最后，艾森豪威尔被父亲拖回家中，但是，父亲并没有呵斥他。

这时，母亲进来给他涂上止痛药，并包扎上绷带，但是，母亲也没有安慰他。愤怒的艾森豪威尔倒在床上大哭了一个小时。直到他平静后，母亲才进来对他说："能控制自己情绪的人要比能拿下一座城市的人更伟大。发怒是自我毁伤，是毫无用处的，需要好好克服。"

母亲的告诫深深地印在了艾森豪威尔的心中。在76岁时，艾森豪威尔写道："我总能回想起那一次谈话，把它看作是我一生中最珍贵的时刻之一。"

只有让自己学会控制情绪，才能逐步纠正发火、骂人、说脏话的不良习惯。当然，想要学会控制情绪，我们需要使自己找到适当的宣泄方法。比如，把不高兴、不愉快的事情告诉亲人或朋友，以缓解心中的不快；不要轻易流露自己的情绪；学会自我隔离来达到冷静；培养自身乐观的性格和幽默感等。

控制自己的情绪、做情绪的主人，是迈向成功的第一步。做情绪的主人，就会在成功的道路上迈出矫健的步伐。

第四节 充满信心，一往无前
——坚韧之美

梁启超说："天下古今成败之林，若是其莽然不一途也。要其何以成？何以败？曰：'有毅力者成，反是者败'。"意思是说，古今中外成败的种种事情，是如此繁多。那么，决定成败的是什么呢？是毅力，有毅力的人成功，没有毅力的人失败。由此可见，毅力与一个人的成功有着直接的关系。

毅力是成才的内在动力

在苍茫浩渺的星空中，有一颗名叫"高士其"的行星，它是为纪念我国科普文学先驱高士其先生而命名的。

高士其，1925年毕业于清华大学，1927年获美国芝加哥大学化学学士学位。毕业后留在芝加哥医学研究院深造。23岁那年，由于试验不慎，病毒顺着耳膜侵入脑部，损害了高士其的神经。他全身瘫痪，由于舌头僵硬，讲话含糊连饮食都困难。然而，高士其的心却没有衰竭。他以顽强的毅力写了许多文章和诗，成为我国著名的科普作家。他除了精通英、法、德3门外语，还在46岁时开始学习俄语。

当时，很多人劝他说："算了吧，这样的身体状况连讲话都讲不清楚，还怎么学俄语？"就连他报名参加的俄语学习班都没有同意接受他。但是，高士其一点儿也不泄气，他买了许多学习资料、俄语听发音唱片和收音机，开始了艰难的自学之路。他每天坚持听

3 遍收音机里讲授的俄语课，跟着唱片学习发音。除此之外就是大量的练习听、说、写的基本技能。这个被人遗弃的自学者，只用了一年时间，就可以阅读俄文科学著作了。

人们都惊讶他的才能。而高士其却由衷地说："学外语就像交朋友一样，天天见面就熟悉了。"可是谁知道，在成功的背后，高士其需要怎样的毅力坚持，又流下了多少奋斗的汗水啊！1984 年12 月21 日，前国务院副总理方毅在人民大会堂祝贺高士其先生 80 岁华诞时说："高士其同志是一位卓越的知识分子代表，是一位真正的科学家，又是一名坚强的革命战士。"

通过高士其的例子我们可以看出，假如他没有毅力坚持下去的话，终究是不能成功的，这就是成败的规律。正如孟子所说："有为者譬如掘井，掘井九仞而不及泉，犹为弃井也。"

德国著名音乐家贝多芬一生经历了贫困、疾病、失恋孤独等磨难，26 岁时又不幸失去了听觉，48 岁时完全耳聋，种种打击把他逼迫到绝望的边缘，他甚至想结束自己的生命。但贝多芬最终没有屈服，他说："我要扼住命运的咽喉，它决不能使我屈服！"他嘴里咬着根细棍借以感受钢琴的震动来坚持作曲。在这样艰难的情况下，他仍然完成了《第三英雄交响曲》《第五英雄交响曲》《第六田园交响曲》等不朽的传世名作。

试想，如果贝多芬因失聪就停止了创作，放弃了人生的追求，留给后世的是什么呢？很可能什么都留不下，就是世间普通的一个过客。但是，他成功了。他的成功靠的是什么？是信念，是理想，是不懈的追求和顽强的毅力，是毫不动摇的持之以恒的精神！

瑞士著名的数学家、自然科学家欧拉，1707 年 4 月 15 日出生于瑞士巴塞尔的一个牧师家庭。他自幼受父亲的教育，13 岁时就读巴塞尔大学，15 岁大学毕业，16 岁获硕士学位。欧拉是 18 世纪数学界最杰出的人物之一，被称为应用数学大师。他不但为数学界做出了卓越的贡献，更把数学推至几乎整个物理的领域，他的研究成果在物理学和许多工程领域都有广泛应用。

欧拉的惊人成就并不是偶然的。他可以在任何不良的环境中工作，经常抱着孩子在膝上完成论文，也不顾较大的孩子在旁边喧哗。欧拉在

28 岁时，不幸一只眼睛失明，30 年后，他的另一只眼睛也失明了。在他双目失明以后，也从来没有停止过数学研究。他以惊人的毅力和坚忍不拔的精神继续工作着，在他双目失明至逝世的 17 年间，还口述著作了几本书和 400 篇左右的论文。

瑞士的埃米尔·费尔曼是这样评价欧拉的："欧拉不仅是历史上最有成就的数学家，而且也是历来最博学的人之一……就其声望而言，堪与伽利略、牛顿和爱因斯坦齐名。"如果欧拉因为眼睛失明而放弃了理想，自己一定会不甘心，这靠的同样是毅力，是不懈的追求。

有人说："这个世界上不缺少高智商的人，缺少的是有毅力的人。"其实，获得巨大成就的往往不是什么拥有高智商的人，而是那些有毅力的人。毅力，可以让人走向成功。

南方某省 17 岁的高考状元李同学在接受记者采访时指出：成功的秘籍就是智力和毅力。他说："其实我觉得学习中最重要的两个条件是智力和毅力，我觉得自己是个聪明的学生，但只靠聪明是不够的。聪明可能只能让我考 800 分，但毅力带领我达到 900 分。"智力固然重要，但如果没有毅力的话，同样不会取得很好的成绩。

毅力可以帮助一个人走向成功，可以想象，如果没有毅力，刘翔何以凭借 12 秒 11 的成绩夺得冠军并获得"红色闪电"的称号？没有毅力，姚明又怎能冲出中国，在 NBA 中展现自我的风采？

毅力是一个人成功的重要保障。人不出色并不可怕，不聪颖也不可怕，不漂亮还是不可怕，可怕的是没有毅力，如果一个人没有毅力，他注定不会走向成功的大道。

一个人如果没有坚强的毅力，做事是很难成功的。毅力是什么？按照词典的解释，毅力就是意志或坚持力，是成才者必须具备的重要品质之一，是成才和成事的内在动力。

培养坚韧毅力的方法

一、学会坚持

培养毅力，应该学会坚持，不轻易放弃。坚持是指人在确信行动的正确性后不懈努力。坚持到底的意志品志。

有人说："坚持是卓越和平凡的分水岭。"所以，我们要学会坚持，面对生活和学习的不如意，一定要勇敢地坚持下去。

巴恩斯是一位内心坚定的人，虽然他没有人们常说的"资源"，但他仍旧决定要和伟大的发明家爱迪生合作。当不修边幅的他来到爱迪生的办公室时，职员们一阵嘲笑，尤其当他表明要成为爱迪生的合伙人时，大家笑得更厉害了。爱迪生从来就没有什么合伙人，但巴恩斯依然坚持着，正是坚持为他赢得了面试的机会。最终，巴恩斯在爱迪生那儿得到一份打杂的工作。

爱迪生对他的坚毅品格有着深刻的印象，但这还不足以使爱迪生接受他作为合伙人。巴恩斯在爱迪生那儿做了数年的设备清洁和修理工。有一天，他听到爱迪生的销售人员在嘲笑一件最新的发明产品—口授留声机。销售人员认为这个东西一定卖不出去，原因是人们为什么不用秘书而要用机器？这时巴恩斯站出来说道："我可以把它卖出去！"

于是，巴恩斯花了一个月时间跑遍了整个纽约城，一个月之后他卖掉了7部机器。当他抱着满腹的全美销售计划回到爱迪生的办公室时，爱迪生便接受了他作为口授留声机生产营销合伙人的请求。他成为爱迪生唯一的合伙人。这个曾经被人嘲笑的巴恩斯因为"坚持"，最终实现了自己的愿望。

让自己学会坚持，因为坚持是一种耐力，是以一种顽强不屈的精神去做一件自己想做的事情，也只有坚持才不会让自身与成功失之交臂。在困难的时候，选择坚持，也许成功的曙光就会离自己更近了。

二、培养不怕苦累的品格

中国有句古话："庭院里驯不出千里马。"为了成为千里马，就要敢于去吃苦，要学着对自己"狠"一点。我们学会"狠心"，学会了吃苦，将会受益一生。因为，在吃苦的同时锤炼了自身的意志，培养了自身的毅力。要知道，社会竞争，决不仅仅是知识和智能的较量，更多的则是意志和毅力的较量。没有吃苦的精神和能力，是不可能在激烈的竞争中获胜的。

当今的青少年所面临的市场经济社会，是一个处处充满竞争的社会。"物竞天择""优胜劣汰"是普遍现象。所有人都将站在竞争的第一线，每个人都要面临"生死存亡"的严峻考验。社会上的竞争，将不仅仅是知识和智能的较量，更是意志和毅力的较量。没有吃苦精神和生存能力，是不可能在激烈的竞争中获胜的。

三、让自己参与竞争

培养自身毅力的另外一个有效方法就是让自己积极参与竞争。如果我们想把一件事情做好，参与比赛不失为一个好办法，因为这样做不仅可以提高做事的积极性，还能最大限度的体会胜利的喜悦。

四、加强体育锻炼

积极参加体育锻炼不仅可以增强体质，还可以增加心理承受能力。其实，这与培养毅力是一回事。因为在体育锻炼的过程中，会懂得冲向终点需要坚持。在坚持的同时也培养了耐力和毅力。

我们应循序渐进地坚持体育锻炼，培养毅力。跑步，特别是长跑，是锻炼意志品质、培养毅力的最好活动。比如绕操场跑一圈，起跑很轻松，跑到中途累得难耐，想打退堂鼓，这时候就需要坚强的毅力，只有坚持跑到终点才是最后的胜利。当我们鼓起劲儿跑到终点，就已经经历了一次考验，战胜了一次挫折，增添了一份自信。如果我们能够坚持不懈地参与锻炼，就会形成顽强的毅力，那么，就会在今后的人生道路上比别人多一份成功的机会。

告诉自己，其实人生就像长跑，从长跑中不但可以感悟人生，享受人生，更能够磨炼意志，承受耐力，实现美好人生。体育锻炼要持之以恒，坚持不懈，这样，锻炼的效果才能累积起来发挥作用。"一曝十寒"是达不到锻炼目的的。

凡是具有坚毅精神的人，似乎都享有不会失败的保险。不论他们曾经失败过多少次，最终都能走向目标的顶端。这会使人觉得好像有一个看不见的圣者，他总是用各种令人沮丧的失败来考验人们。那些失败后能再爬起来的人总能成功！而经不起考验的人，则无法获得成就。毅力就像金刚钻，无论经历多少挫折、磨难、阻碍，都一定要到达自己的目的地。

第五节　低调做人，高调做事
——低调之美

　　低调是一种处世的智慧，过分张扬的人身边时刻隐藏着失败的风险。做人必须低调，但做事却要巧妙，这样才能以低调赢得成功。

不要恃才矜己

　　据史记载，杨修是曹操门下掌库的主簿。此人生得单眉细眼，貌白神清，博学能言，智识过人。但他自恃其才，竟小觑天下之士。

　　一次，曹操令人建一座花园。快竣工了，监造花园的官员请曹操来验收察看。曹操参观花园之后，是好是坏、是褒是贬一句话也没有说，只是拿起笔来，在花园大门上写了一个"活"字，便扬长而去。一见这情形，大家犹如丈二和尚，摸不着头脑，怎么也猜不透曹操的意思。杨修却笑着说道："门内添'活'，是个'阔'字，丞相是嫌园门太阔了。"官员见杨修说得有道理，立即返工重建园门，改造停当后，又请曹操来观看。曹操一见重建后的园门，不禁大喜，问道："谁知道了我的意思？"左右答道："是杨修主簿。"曹操表面上称赞杨修的聪明，其实内心已开始忌讳杨修了。

　　又有一回，塞北送来一盒酥孝敬曹操，曹操没有吃，只是在礼盒上亲笔写了三个字："一合酥"，放在案头上，自己径直出去了。屋里其他人有的没有理会这件事，有的不明白曹丞相的意思，不敢妄动。这时正好杨修进来看见了，便堂而皇之地走向案头，打开礼盒。把酥饼与众人一人一口地分吃了。曹操进来见大家正在吃他案头的酥饼，脸色大变，问："为何吃掉了酥饼？"杨修上前答道："我们是按丞相的吩咐吃的。""此话怎讲？"曹操反问道。杨修从容地应道："丞相在酥盒上写着'一人一口酥'，分明是赏给大家吃的，难道我们敢违背丞相的命令吗？"曹操见又是这个杨修识破了他的心意，表面上乐哈哈地说："讲得好，吃得对，吃得对！"其实内心已对杨修产生厌恶之情了。可杨修还以为曹操真的欣赏他，所以不但没有丝毫收敛，反而把心智用在捉摸曹操的言行上，并不分场合地卖弄自己的小聪明，从而不断地给自己埋下祸根。

杨修最后一次表露聪明是在曹操自封为魏王之后，曹操亲自引兵与蜀军作战，战事失利，进退不能。曹操数次进攻蜀军总不能奏效，长期拖下去，不仅耗费钱粮且会挫伤士气，既会撤兵无功而归，又会遭人笑话。是进是退，当时曹操心中犹豫不决。此时厨子呈进鸡汤，曹操看见碗中有鸡肋，因而有感于怀，觉得眼下的战事，有如碗中之鸡肋："食之无肉，弃之可惜"。他正沉吟间，夏侯惇入帐禀请夜间号令。曹操随口说："鸡肋！鸡肋！"夏侯惇传令众官，都称"鸡肋"。杨修见传"鸡肋"二字便叫随行军士各自收拾行装，准备归程。有人报知夏侯惇。夏侯惇大惊失色，立即请杨修到帐中问他："为什么叫人收拾行装？"杨修说："从今夜的号令，便知道魏王很快就要退兵回去了。""你怎么知道？"夏侯惇又问。杨修笑道："鸡肋者，吃着没有肉，丢了又觉得它可惜。魏王的意思是现在进不能胜，退又害怕人笑话，在此没有好处，不如早归，明天魏王一定会下令班师回转的。所以先收拾行装免得临行慌乱。"夏侯惇说："您可算魏王肚里的蛔虫，知道魏王的心思啊！"他不但没有责怪杨修，反而也命令军士收拾行装。于是寨中各位将领，无不准备归计。

当夜曹操心乱，不能入睡，就手按宝剑，绕着军寨独自行走。只见夏侯惇寨内军士，各自准备行装。曹操大惊，自己没有下达撤军命令，谁竟敢如此大胆，作撤军的准备？他急忙回帐召夏侯惇入帐，夏侯惇说："主簿杨修已经知道大王想归回的意思。"曹操叫来杨修问他怎么知道，杨修就以鸡肋的含义对答。曹操一听大怒，说："你怎敢造谣乱我军心！"不由分说，叫来刀斧手将杨修推出去斩了，把首级悬在辕门外。曹操终于寻得机会，除掉了杨修，杨修也终于结束了他"聪明"的一生。

杨修确实够聪明，聪明得能看透别人看不到的很多东西，能猜透别人猜不透的许多事情。然而，也正因为如此他又显得太愚蠢了，愚蠢得连如何保护自己都不知道。于是最后，他表面的聪明终于使他走上了绝路。他到死肯定都不会明白，正是他过分外露的聪明使他成了刀下鬼。聪明能使他招人喜欢，但太滥用自己的小聪明却是不明智的，最糟糕的是他又自恃聪明，还喜欢表现出来，这在明争暗斗的官场，注定成不了大气候，注定被人扔弃在权力的道路上，而成为荒野孤魂。

苏东坡曾经有一首诗说："人皆生子望聪明，我被聪明误一生；唯愿子孙愚且鲁，无灾无难到公卿。"这首诗虽然只是自嘲，其间却是大有深意。苏东坡之所以一生颠沛流离，原因就在于他自恃才高而不知道收敛，太锋芒毕露了，终于不能在朝廷立足。而他最后能悟出这个道理实在是不容易，却也很让人为他扼腕，从这里就可以看到恃才的性格给他造成的痛苦是多么巨大。自恃其实是一种无知，有时候会给自己带来不必要的危险，因为到头来他们很可能搬起石头砸自己的脚。

自夸的后果

喜欢自吹的人一旦被人发现是在讲大话，别人以后可能就会觉得你这人靠不住，轻浮，所以尽量还是不要自吹的好。喜欢吹嘘自己的人表面上看起来好像很高傲的样子，实际内心是很空虚和自卑的。

美国近代最有名的女作家玛格利特·米切尔，有一次被邀请去参加世界书会。那时还没有胸前佩戴名牌的习惯。所以，当时有位匈牙利作家坐在她的旁边，却根本不知道这位衣着朴素、态度谦虚的女士是谁。他以一种居高临下的态度，同她进行了这样一段谈话："小姐，你是一位职业作家吗？"

"是的，先生！"

"那么，有些什么大作，可否告知一二？"

"谈不上什么大作，我只是偶尔写写小说而已。"

"噢，你也写小说，那么，我们可以算是真正的同行。我已经出版三百三十九本小说，那就是……你写过多少部呢，小姐？"

"我只写过一部，它的名字是《飘》。"

话音未落，那位匈牙利作家已目瞪口呆了。

在生活中常常会碰到这样一些人，每当人们谈起一个什么问题时，他就会时不时地接着说："我知道，这个怎样怎样……"不着边际地乱吹一气，即使文不对题也丝毫不会感到脸红，这种人很招人烦。而且这样做高明吗？显然不，他的动机是很清楚的，就是不愿意被轻视，不懂装懂，在人前冒充有学问的人。但他没想过还是谦虚的人多，人家虽然没有像他一样夸夸其谈，并不说明人家不懂，而他倒成了班门弄斧，最后沦为笑柄。

吹牛与自我表扬可以算是一对孪生兄弟了，它们最大的不同就是自我表扬可能说的确有其事，但相同的话从别人那里听到和从自己嘴里说出来是有很大不同的。日常工作生活中，经常能看到这种爱自我表扬的人，他想让别人知道自己有能力，处处想显示自己的优越感，并想借自我表扬来获得他人的敬佩和认可，但结果却往往适得其反，失去了周围人对他的信赖。

有一位在工厂从事统计工作的女性，调到某机关的第一天，就与陌生的同事大谈自己的过去，说自己如何如何行，并无意间冒出一句"像我这类人在工厂都属上上人"，结果同事大为反感—你是上上人那别人算什么？

还有一个小伙子，头脑灵活，思路敏捷，一次，他去一家宾馆应聘。

主持面试的客户部经理，在同小伙子谈完一般情况后，便问道："我们经常接待外宾，是需要外语的，你学过哪门外语，水平如何？"

"我学过英语，在学校总是名列前茅，有时我提出的问题，英语教师都支支吾吾地答不上来！"他自我表扬地说。

经理笑了一下又问："做一个合格的招待员，还要有多方面的知识和能力，你……"经理的话还没说完，他便抢着说：

"我想是不成问题的，我在校时各门学习成绩都不错，我的接受能力和反应能力都很快，做招待员工作绝不会比别人差。"

"那么，就你的学识来说，当一名招待员是绰绰有余了？"

"我想，是这样。"

"好吧，就谈到这里，你回去听消息吧。"

他踌躇满志地回去等消息，可等到的消息却是不录用。

小伙子本来想自我表扬一番，以便获得经理的信赖，没想到结果是抬高自己，反而没给人留下好印象，失去了别人的信任。

"面子是别人给的，脸是自己丢的。"一个人若真正有某种本领或才智，自然会得到别人公正的赞许，这赞美的话若是出于别人之口，才是真正有价值的。何必要"王婆卖瓜，自卖自夸"呢？

第六节　锲而不舍，金石可镂
——专注之美

所谓"专注"，就是集中精力、全神贯注、专心致志。从更深刻的含义上讲，专注是一种精神、一种境界，"咬定青山不放松，不达目的不罢休""把每一件事做到最好"就是这种精神和境界的反映。可以说，每个人对这个的词熟悉程度不亚于熟悉自己名字，然而，熟悉并不等于理解。

专注让自己走得更远

是否专注，已经成为一个人能否成功的决定性因素之一。心无旁骛，锁定目标，坚持不懈，是青少年需要掌握的重要学习能力之一。

老猎人带着自己的 3 个儿子去草原打猎。4 个人来到草原上之后，老猎人让3个儿子向草原的近处和远处望去，然后他提出了一个问题："告诉我，你们看到了什么呢？"

老大回答说："我看到了我们手中的猎枪，在草原上奔跑的野兔，还有一望无际的草原。"老猎人摇摇头说："不对。"老二接着回答说："我看到了阿爸、哥哥、弟弟、猎枪、野兔，还有茫茫无际的草原。"老猎人还是摇摇头说："不对。"这时，老三回答说："我只看到了野兔。"老猎人终于开心地笑了："你答对了。"

由此可知，一个人想要捕获自己的"猎物"就必须专注于"猎物"本身。

有时候，孩子之所以在学习上表现得不是令人很满意，是因为孩子没有专注在"学习"这个目标上，而是让自己的目标游离了、分散了。孩子可能看到的太多，想到的也太多，比如人在课堂上而心却游到了昨晚看的电视节目或玩的网络游戏上，长此以往就失去了自己的目标和方向，更不用说专注于目标了。

著名科学家牛顿就特别专注于目标，注意力也高度集中，他一生中的绝大部分时间是在实验室度过的。每次做实验时，牛顿总是通宵达旦，注意力非常集中，有时一连几个星期都在实验室工作，不分白天和黑夜，直到把实验做完为止。

据说牛顿有一次在做实验时，一位朋友来看他，等了好半天，他也没有出来。这位朋友饿了，便把牛顿作为午餐的烧鸡吃掉，将骨头留在盘子里走了。过了好长时间，牛顿从实验室里走出来去吃饭，看到盘子里的鸡骨头，不禁笑道："我以为我还没吃饭，原来已经吃过了。"

牛顿在专注于工作时出现的这些轶事是不足为怪的，也正是这种高度专注于目标的精神，让牛顿在科学的领域收获了丰硕的成果。牛顿说："如果说我对世界有些微小贡献的话，那不是因为别的，都只是出于我对工作的专注和辛勤耐久的思索所致。"

俄国教育家乌申斯基说："注意是心灵的天窗。"只有打开注意力的这扇窗户，智慧的阳光才能洒满心田。可见，不管做什么事，只有保持注意力，聚精会神地去做才能事半功倍。

如何提高专注力

如果没有注意力，观察和思维等认识活动也就不能正常进行了。一个人只有把自己有限的注意力放在一个目标上，才有可能获得成功。那么，应该怎样培养自己的专注力呢？

方法一：给自己一定的游戏时间

游戏是培养一个人注意力的好方法。因为每个人都喜欢游戏，游戏能够激发一个人的兴趣，让心情变得舒畅。在游戏过程中，我们能够高度集中自己的注意力，并能够较长时间持续保持这种状态。

比尔·盖茨的父亲威廉·盖茨就非常重视给孩子一定的游戏时间。他平时很忙，没有太多闲暇的时间，所以，就让比尔·盖茨的外祖母陪他一起做游戏，尤其是做一些智力游戏，如下跳棋、打桥牌等。玩游戏时，外祖母总是对小比尔说："使劲儿想！使劲儿想！"她还常常为比尔下了一步好棋而拍手叫好。这些游戏都极大地激发了比尔·盖茨的专注力。

方法二：明确目的才能有效集中注意力

哈佛大学的埃伦·兰格教授曾经做过一个富有启发性的实验：把参加实验的人分为3组分别欣赏同一幅图像，第1组：任意欣赏；第2组：看图像画的是什么；第3组：看图像时都去搜寻颜色及形状的突出特征。每个接受实验的人都分别观看彩色图像，22秒钟后马上按下按钮，画面消失。然后让这3组人分别对这些图像及其细节进行回忆。

结果显示，尽管第3组需要做的工作最多，但他们回忆的结果明显高于其他两组，而且，和其他两组相比，第3组受试者觉得自己的任务一点也不费力。怎样解释这一结果呢？第3组接受的任务是具体的，而且提出了一定的要求。可见，当一个人有非常具体的探究目标时，对它的感受就深入得多，因为他全部的注意力、全部的感官都为此做好了准备，也就是集中了注意力。对只需要在脑海中记忆图像轮廓的第2组来说，布置任务的要求似乎太少了，对第1组受试者提出的任务也同样如此。

实验结果表明，要想让思想变得积极主动并能集中，必须事先为它拟定有挑战的、十分具体的任务和目标，并使自己排除一切干扰，才能一步步实现。

所以，明确目的能有效地集中孩子的注意力。因为注意力是为任务服务的，任务越明确，对任务的理解越深刻，完成任务的愿望越迫切，注意力就越能集中和持久。由此看来，要想使自己的注意力持久，就不能只是要求或强迫自己做什么，而要知道这样做的意义和目的，以此来激发做好这件事的愿望。这样任务明确，愿望强烈，注意力就能持久。

方法三：选择适当的训练专注内容

选择训练的内容不要太难也不要太容易。太难就会失去兴趣和信心，注意力必然涣散；太容易又不能引起好奇心，注意力也必然涣散。同时还要注意训练要适宜、有度，防止疲劳。

安吉娜·米德尔顿在《美国家庭的卡尔·威特教育》一书中介绍了一种"3分钟"训练法，这种方法被证明可以有效训练孩子的专注能力。

> 皮奈特学习、做事不专注，他只爱看电视，玩游戏，对书本不感兴趣。一天，父亲拿着个沙漏，告诉他说，这是古时候的钟表，里面的沙子全部漏下去时，整好是3分钟。皮奈特想玩那个沙漏，这时父亲说，以沙漏为计时器，你和爸爸一起看故事书，每次以3分钟为限。皮奈特很高兴地答应了。
>
> 第一次，皮奈特果然静静地坐下来听爸爸讲故事。但事实上他根本没有留意看书，而是一直看着那个沙漏，3分钟一到，便跑去玩了。但是皮奈特的父亲没有气馁，他决定多试几次。这样数次之后，皮奈特的视线渐渐由沙漏转移到故事书上了。虽说约定3分钟，但3分钟过后，因为故事情节吸引人，皮奈特听得特别入神，他要求延长时间，但父亲坚持"3分钟"约定，不肯继续讲下去。皮奈特为了早点知道故事情节，就自己主动阅读了。

皮奈特的父亲用了一种循序渐进的训练方法培养孩子的专注能力。我们也可以借助自己感兴趣的东西，让注意力在一定时间内专注于某一对象，久而久之，形成了习惯，也就自然而然变得专注了。

实际上，在快节奏高强度的信息时代，专注力已成了现代人普遍缺乏的珍惜资源。

一个缺乏专注力的人，在工作中无法镇定地面对问题，在生活中则无法轻松地享受当下的乐趣。就这一点而言，能否专注已经严重地影响到我们能否获得事业上的成功和生活中的满足感，严重影响到我们的价值认同和生活品质……

人为万物之灵，但仍需要训练和提高。如果能激发沉睡的潜能，每个人都能成就一番事业。但是，如果缺少专注和勤奋，即使他才华横溢，也会一事无成。反之，如果能获得专注的神奇力量，平凡的人照样能创造惊天动地的伟业。而那些伟人们，一旦缺失了这种能力，也会沦为庸庸碌碌之辈。与其说成功取决于天分，不如说成功依托于专注。做事花里胡哨的人终究会被淘汰出局，只有那些能集中全力的人才能真正事业成功，生活幸福。

第 5 章

奏响人生的畅想曲——美的音乐

　　一个人世界观的形成，价值观的建立，人格的完善，理想的升华，在很大程度上取决于道德修养的作用。而音乐恰恰是陶冶情操、健全人格的有效途径之一，它有着德育所不可替代的独特功能。音乐是世界上最美好的东西，它是人们感情的凝聚，可以直接作用于人的灵魂，有着其他任何一门艺术所无法比拟的特殊魅力。音乐艺术所具有的强烈感染力，能深深地打动欣赏者的心灵，潜移默化地陶冶着人们的情操。

第一节　此起彼伏，连绵不绝
——节奏之美

节奏，是一切事物均匀而有规律地交替进行，它源于希腊语 phtmoc，其原意是表示程度，程序、均匀的活动，反映了自然与生活一切现象所固有的有条件、有顺序的交替运动，在曲调中，节奏常常是音乐的源泉，它对音乐艺术来说永远是特别重要的，它是曲调构成不可分割的一部分。因此，在声乐美学中，声乐的节奏美就明显地突显出来，同时，还显示出它有着独立存在的审美价值。

节奏是生命的基础，无论是在昼夜的交替还是四季的变迁或是潮水的起落中，我们都能看到它。每当我们呼吸的时候我们都能亲身体会到节奏的存在，在我们心跳的步伐中也有它的存在。

凡是有生活的地方都会有节奏伴随。作为音乐形式的载体，声乐节奏则是音乐节奏与语言节奏的有机结合，在语言节奏的基础上，借以创造旋律，通过音乐化的组织，扩展了语言节奏的变化幅度，并使其产生了艺术化的效果。

声乐节奏结构在乐节、乐句等与词的句式音组的基础节奏对应与变化上，有着丰富的变化手段与方式，在节奏的强弱、长短、快慢等变化处理上，形成了多样统一的辩证法。

节奏美在声音组合形式上的体现

节奏美自然包含于旋律美当中，节奏是旋律构成的基本骨架，实际上旋律的句法、曲式结构是节奏的扩大。根据生活、情感与物质运动的节奏规则，音乐以音响的长短、强弱与快慢的组织交替与变化，不仅体现出语言自然的节奏特征，而且还表现出句式的节拍特征。同时更重要的是艺术的组织与发展节奏的音响表现，展示出千变万化的节奏运动形态，以特有的节奏美来增强旋律美的艺术表现。

声乐作品是声音要素组合成的整体，其创作的目的在于寻求其组合美，即整体的和谐美。作为节奏，具有规律性和周期性，就如脉搏的跳动、季节的变化等。节奏往往意味着有序，但音乐中的节奏则不同，比较特殊。

一、表现出无规律的是音长节奏。

音符，是用来记录音的高低、长短，其时值长短是不同的。音长节奏，就是这些长短不一的音符组合。一个音乐作品中的旋律，是由许多个不同长短时值的音符排列、组合而成的。在很多时候，这些音符的规律性并不是很强。

二、表现出节拍规律的是音强节奏。

当你和着音乐拍手或者跺脚的时候，你就是在对它的节拍做出反应，节拍是有规律的不断循环的搏动，它把音乐分成很多长短相同的时间段。节拍，也就是音强节奏，它是音的强弱的规律性的反复交替。

这两种节奏是对立而统一的。虽然前者的疏密造成听觉的缓与急；后者的强弱则造成听觉的重与轻。然而，音长节奏则是在某种音强节奏基础上千变万化的自由运动。赫拉克利特说："差异的东西相结合，从不同的因素中产生最美的和谐。"这也使节奏美在声音组合形式中得到体现。

听古典名曲《梅花三弄》，开首的一段低音曲调，传达的是肃穆深沉的情感，乐曲仿佛破空而来的天籁，直入人心，好像冬天雪地的阴沉、寒冷浸透了人的心扉。

乐调徐徐展开，声音渐趋空灵，人的感觉也逐渐轻盈虚飘，幽美秀雅的乐声，让人进入了优美而庄重的超脱境界。再后来，清越的音色、简洁的旋律，反复出现了三次，重复中又略带变化。

人好像是从刚开始的看到一枝梅花，到走进盛开的梅树林，繁花满枝，暗香浮动。这时的乐曲浑厚刚劲中透着圆润细腻，摇曳变幻中含着悠远绵长，人的情绪也跟着由兴奋、激动到沉静、陶醉，在花的海洋中流连忘返。

这起伏变化的美的感受，是由音乐的高低起伏的节奏旋律传达出来的。不同的旋律传达不同的情感。音乐靠旋律抓住了人的心的律动。德国音乐评论家霍夫曼说："音，你何处都在，但能表达出精神界高贵语言的音群即旋律，却只存在于人们的心中。"

正是这种节奏的形式，使音乐高度组织化。它是音乐的"骨髓"，可脱落开旋律、和声单独存在，但旋律、和声却不能脱离节奏而单独存在。对于声乐艺术作品而言，演唱者对作品的二度创作则是在节奏把握的基础上进行的。倘若不是这样，作品的演唱就会呈现混乱。因此，节奏美在声乐组织形式上，则显得尤为重要。

声乐节奏与情态活动的对应关系

声乐节奏、结构在乐节、乐句等与词的句式音组的基本节奏对应与变化上，有着丰富的变化手段与方式，在节奏的强弱、长短、快慢的变化处理上，有着多样性与统一性。它的外在音响节奏形式，正是内在心理情感节奏的生动体现。

从情态运动时间特征的体验与音长的感觉之间所具有的联觉关系而言，两者具有相互对应的关系。由于情态活动中，包含节奏的特征，因此，以相同或相似的节奏为中介，各种情感体验便与音乐有了发生联觉对应的可能。比如音乐能够表现出空间的延伸感；能够表现出物体特性的大小、轻重；能够表现出事物的运动特点；能够表现出人物的个性与人格特征；还能够表现出人的情感与态度和人与人之间的交往行为。

有一年，俞伯牙奉晋王之命出使楚国。八月十五那天，他乘船来到了汉阳江口。但是遇风浪，就把船停泊在一座小山下。晚上，风浪渐渐平息了下来，云开月出，景色十分迷人。望着空中的一轮明月，俞伯牙琴兴大发，拿出随身带来的琴，专心致志地弹了起来。

他弹了一曲又一曲，正当他完全沉醉在优美的琴声之中的时候，猛然看到一个人在岸边一动不动地站着。俞伯牙吃了一惊，手下用力，"啪"的一声，琴弦被拨断了一根。俞伯牙正在猜测岸边的人为何而来，就听到那个人大声地对他说："先生，您不要疑心，我是个打柴的，回家晚了，走到这里听到您在弹琴，觉得琴声绝妙，不由得站在这里听了起来。"

俞伯牙借着月光仔细一看，那个人身旁放着一担干柴，果然是个打柴的人。俞伯牙心想：一个打柴的樵夫，怎么会听得懂我的琴呢？于是他就问："你既然懂得琴声，那就请你说说看，我弹的是一首什么曲子？"

听了俞伯牙的问话，那打柴的人笑着回答："先生，您刚才弹的是孔子赞叹弟子颜回的曲谱，只可惜，您弹到第四句的时候，琴弦断了。"

打柴人的回答一点不错，俞伯牙不禁大喜，忙邀请他上船来细谈。那打柴人看到俞伯牙弹的琴，便说："这是瑶琴！相传是伏羲氏造的。"接着他又把这瑶琴的来历说了出来。听了打柴人的这番讲述，俞伯牙心中不由得暗暗佩服。接着俞伯牙又为打柴人弹了几曲，请他辨识其中之意。当他弹奏的琴声雄壮高亢的时候，打柴人说："这琴声，表达了高山的雄伟气势。"当琴声变得清新流畅时，打柴人说："这后弹的琴声，表达的是无尽的流水。"

俞伯牙听了不禁惊喜万分，自己用琴声表达的心意，过去没人能听得懂，而眼前的这个樵夫，竟然听得明明白白。没想到，在这野岭之下，竟遇到自己久久寻觅不到的知音，一问方知打柴人名叫钟子期。俩人越谈越投机，相见恨晚，结拜为兄弟。

可见，声乐的节奏能够反映人的感情色彩，人们也通过音乐的感染，达到一种心灵的共鸣。

正如节奏渗透我们的生命一样，我们发现它在音乐中也无处不在——在音调中、音色中，或是音量中。这些元素在时间中变化的方式和频率都与节奏息息相关。而节奏本身正是我们创作悦耳声音的第四大要素。

声乐节奏美的形式在于有机运用于协调各构成因素的关系，通过节奏的艺术处理去创造各种类型的节奏性，以统筹与完成节奏美的创造。在曲调中，节奏常常是音乐的源泉，它对音乐艺术来说永远是最重要的，它是曲调构成不可分割的整体。因此，在声乐美学中，声乐曲的节奏美就明显地体现出来，同时，也显示出它独立存在的审美价值。

第二节　陶冶情操，洗涤心灵
——旋律之美

音乐美是美学的一个重要组成部分。音乐所能起到的教育作用往往是最直接、最动人心扉的，它往往超过其他姐妹艺术而发挥出强大的组织力量和鼓舞作用。

自古以来，无论中外，都对音乐的教育作用给予高度的注意。孔子是我国历史上第一位提倡音乐教育的大师。他说："广博易良，乐教也。"意即利用音乐陶冶青年的性格，使其养成文质彬彬、温良敦厚的君子风度。古希腊人说，体育和音乐是促进青少年身心平衡和健康发展的两个手段。欧洲中世纪以后的大学，把音乐列为四个主要的学科之一，与天文、数学等并列。一个人经常接触优美的音乐，可以使她的思想感情潜移默化地受到熏陶，从而形成健康的心灵。

音乐可以塑造一个人的人格

一个人世界观的形成，价值观念的建立，人格的完善，理想的升华，都在很大程度上取决于道德修养的作用。而音乐恰恰是陶冶情操、塑造人格的有效途径之一，它有着德育所不可替代的独特功能。

音乐是世界上最美好的东西，它是人们感情的凝聚，可以直接作用于人的灵魂，有着其他任何一门艺术所无法比拟的特殊魅力。音乐艺术所具有的强烈感染力，能深深地打动欣赏者的心灵，潜移默化地陶冶着人们的情操。

　　英国剑桥大学心理学家詹森·伦特福罗与美国得克萨斯大学心理学家山姆·高斯林称，了解一个陌生人，例如是否有创造力，是否心胸开阔，是内向还是外向，只要听听他最喜欢的 10 首音乐基本就可以得出结果。

　　喜欢爵士乐、古典音乐等复杂音乐的人，智商在人群的平均水平之上。

　　喜欢乡村音乐、流行音乐（例如排行榜上的歌曲）的人通常较为循规蹈矩、诚实和保守。伦特福罗认为这些人头脑简单，不喜欢把事情搞复杂。

　　喜欢舞曲等感情强烈音乐的人很容易冲动地说出自己的想法。

　　喜欢歌剧戏曲的人在遭遇家庭丑闻的时候，用自杀来解决问题的机会比其他人高两倍—这是美国韦恩州立大学心理学家史蒂芬·斯塔克的研究结果，但斯塔克认为，这是因为表演型人格者被《蝴蝶夫人》之类的歌剧的吸引，而不是看完表演受了影响。

　　喜欢听重金属摇滚或黑帮说唱音乐的青少年会有更多的性行为与冲动行为吗？这是家长们担心的问题。但伦特福罗研究发现，音乐与那些行为问题没有直接联系，这类乐迷反而比其他孩子的性格更懦弱、羞涩。

　　有些人喜欢一边听音乐一边工作学习，研究发现一个人性格越外向，在背景音乐中就越能集中注意力，而内向的人则会被音乐扰乱思维。根据美国东北路易斯安那大学的研究，性格外向者更喜欢重低音。

　　鼓舞的音乐可能提高拳击、举重运动员的成绩，但对跑步运动员则没有什么帮助。

　　通过以上这些研究我们不难发现，音乐可以反映一个人的性格。实践证明，喜爱音乐、经常参加音乐活动的学生，大多感情丰富，兴趣广泛，思维敏捷，语言表达力强；具有活泼、乐观、交际大方等方面的性格特征，而这正是当代青年必须具有的基本素质。

打动人心灵的声音

我们无法说明音符一·二·三·四·五是表达了一种什么样的情绪。正如我国著名音乐家李焕之先生所说的那样："从严格的科学观点来说，音乐不是语言，音乐是直接诉之于音调的有组织的序列和结构……用以表达人们的情感，满足人们的审美需要，而语言是人们用语音按照一定的组合来表达意思，交流思想的工具。"

《论语·述而》中有这样的内容："子在齐闻《韶》，三月不知肉味，曰，'不图为乐之至于斯也。'"意思是说，孔子听了美妙无比的"韶乐"之后，很长时间他的身心都被"韶乐"带来的愉悦萦绕。

不仅是靠着史书中的记载，生活中人们对一些曲子仔细聆听，细致品味，乐曲的美感依然会从心头油然而起，飘然弥散，心灵不由得随着乐曲的旋律起伏、旋转，不知是乐曲打动了人心，还是人心中本来就有着缥缈的旋律，未被自己认真体味谱写，而眼前聆听的恰是作曲者对自己心灵的轻盈、饱满的触发。

听贝多芬的《田园交响曲》，人们感受到的是大自然的可爱；听施特劳斯的《维也纳圆舞曲》，人们觉得生活是那么美好；从《春江花月夜》优美的音乐声中，可以想象到那个春风和煦、明月当空、山水相连的动人画面，并从内心感叹祖国山河的无比美好；《义勇军进行曲》给人以奋进的力量；《黄河大合唱》又使多少人受到鼓舞。那亲切优美的民歌、色彩斑斓的民间器乐演奏，如委婉悠扬的江南丝竹、清新华彩的音乐等，不仅能够使人获得音乐的美感，更使人产生一种由衷的民族自豪感……

总之，不同的音乐会给人的心灵以不同的触动。

音乐最擅长于展示人的心灵世界，表现人最内在、最丰富、最细腻的情感。它的语言是超越了一切国界的全人类共同拥有的语言。不同民

美学与人生——靓丽人生的风景

族、不同语种的人都可以在听到一首感人的乐曲时为之感动，并获得最大的想象空间与心灵的自由。所以，与其他艺术门类相比，音乐是审美意识的一种特殊表现形态。美的事物作为音乐的表现对象，不是直接被再现，而是通过人的心灵和主体感觉，被间接地予以表现。所以，人们普遍认为，音乐是情感的艺术。正如黑格尔在他的《美学》第三卷中所说："形成音乐内容意义的是处在它的直接的主体的统一的精神主体性，即人的心灵，亦即单纯的情感。"

中学生正值豆蔻年华，世界观尚未形成，他们感情丰富，有追求美的强烈愿望。如果用一些美好的典型来感染、教育他们，他们的道德情操就一定会在潜移默化中得到升华。

音乐的七彩音符包罗了人世间的千万种情感。冼星海对此有过非常精彩的描述："音乐是人生最大的快乐；音乐是生活中的一股清泉；音乐是陶冶性情的熔炉。"通过音乐教育，从而产生了对参加各种有益活动的热情和积极性，有助于抵制腐朽丑恶的东西的侵蚀，帮助学生区别真善美和假恶丑，树立起正确的审美观和人生观。

综上所述，音乐在年轻人的成长过程中占有重要的位置。音乐教育能够完善自我品格的形成，对培养社会主义一代新人全面发展起重要作用。在全面推行素质教育的今天，音乐教育作为塑造人类美好的心灵，培养高尚的道德情操和提高全民素质的重要途径，将逐渐得到全社会的高度重视。

第三节　无忧无虑，乐对人生
——欢快之美

音乐是人生最大的快乐，音乐是生活中的一股清泉，音乐是陶冶性情的熔炉，音乐改善人的性情，音乐带走的是寂寞，不同的音乐带来的意境可以使你忘了烦恼，只在乎对音乐本身的享受，音乐拖出了人性本质里的善良，对爱与被爱的向往，对社会的理解，对人与人之间最真诚的感觉。

音乐是人类共有的精神食粮。古代《晋书·乐志》说："是以闻其宫声，使人温良而宽大；闻其商声，使人方廉而好义；闻其角声，使人倾隐而仁爱；闻其徵声，使人乐养而好使；闻其羽声，使人恭俭而好礼。"说明音乐中的"五音"可以把握人的性格与行为。

德国伟大的音乐家贝多芬认为：音乐是比一切智慧、一切哲学更高的启示……谁能说透音乐的意义，便能超脱常人无以振拔的苦难。说明音乐具有感化人、塑造人、拯救人的作用。人们在进行强体力劳动时，为了减轻精神上的负担，发出"嗨呦！嗨呦！"的声音，特别是在集体劳动时，更有用歌唱的节奏来统一步伐和着力点的作用。劳动号子就是这样产生的。另如持续时间较长的重复性劳动，为避免单调及精神上的疲劳，人们也会自然地发出种种歌声来调剂精神。如采茶、放牧、摇船、插秧等，虽节奏并不一定与劳动动作合拍，但因有了歌唱的调节，就会使人感到轻松，减少寂寞感、枯燥感。

当我们在非常愉快的时候，会一面唱着歌，一面手舞足蹈地跳着舞。当我们在非常郁闷时，忽然一支优美动听的旋律飘至耳畔，烦恼、不快立刻烟消云散，没有踪迹。

在人们的集体生活中，常有集会活动，如示威游行、列队行进、集体操等。这时，大家唱着节奏鲜明、音调雄健有力的歌曲，以壮声势，并寄于感情。这就是军歌、进行曲以及队列歌曲产生的由来。

人们为了调剂精神，在吃饭、饮茶、休息之时，听听轻松愉快的音乐，使人精神放松，感到舒适，这就是古代宴乐和今日餐吧、酒吧、咖啡吧音乐产生的原因之一。

欢快使人精神振奋

正如我们在情绪高昂时喜欢听欢快的音乐一样，人在生活中是不能总摆出一副惆怅万分的姿态的。一个人在生活中不能总是担心这个担心那个，要放下心中的包袱，学会释然，那才是一种难得的人生超脱，更是一种乐观的人生态度，它会让你从宁静中感受未来。你也可以在宁静的环境中确定正确的人生目标，追求更高的理想，做出更大的成就。

有人曾看见一个哲学家在一个幽静无人的地方独自发笑，便问他："你为什么在无人的地方发笑呢？"哲学家回答说："原因正在这里啊！"其中的原因应该理解为：在无人打扰的地方享受怡然自得的生活乐趣，当然要发笑了。人们对待生活有着各种各样的态度，但是，拥有真正快乐的永远是那些不被复杂心境困扰的人。他们时刻保持着乐观的心态。

生命只有一次，你笑对人生是开心地活着，你愁眉苦脸生活也不会因此改变。为何不保持乐观的心态呢？

有两个人同时遥望夜空，一个看到的是沉沉的黑夜，而另一个人看到的却是闪烁的星斗，这就是乐观与悲观的区别。

"思维心理学"大师艾德华博士指出："乐观是成功的一大要诀。"他说，失败者通常有一个悲观的"解释事物的方式"，即悲观者遇到挫折时，总会在心里对自己说："生命就这么无奈，努力也是徒劳。"由于常常运用这种悲观的方式解释事物，无意识中就丧失斗志，不思进取。艾德华博士师承行为学派，他还说，人类的所有行为，无论乐观，还是悲观，都是学得的。因而悲观者的悲观性格，并非命中注定，而是后天养成的。悲观者也可以力强而至，变成乐观。

当你立志改变灰色的人生观，树立光明的人生观，成功与健康便不再远离你了。

我们常说，笑一笑，十年少，意思是保持积极乐观的生活态度有助于延长寿命。美国科学家通过15年的研究，进一步证实了这一常识。

大卫·斯诺登是肯塔基大学的一位神经学教授，他从1986年开始就对圣母修女学院的678位修女进行跟踪研究，这些修女每年定期体检，而且同意死后将她们的大脑捐献出来供医学研究。研究人员发现，年轻时比较乐观的修女，到年老后不容易患早老性痴呆症。越乐观的人，随着时间的流逝，他们对自身造成的压力就越小。相反，经常焦虑、动怒的人岁数大后更容易中风和得心脏病。

几年前，斯诺登和他的同事开始仔细阅读180位修女在她们20多岁时写的自传，对生活持乐观向上态度的修女在她们自传中喜欢用"幸福""快乐""爱""满意"和"充满希望"等字句，而且她们要比悲观的人平均多活 10 年。

另外，美国明尼苏达梅奥医院的研究人员对 800 多人进行了为期 30 年的跟踪研究，发现情绪乐观的人生存率远远高于预期值。另一方面，情绪悲观的人实际寿命与预期寿命相比，提前死亡的可能性高达 19%。

研究人员认为，情绪乐观的人不大可能显现抑郁情绪，他们在寻医或接受治疗方面也比较积极，很少有自怨自艾的倾向或在劫难逃的想法。宾夕法尼亚大学心理学系的马丁·塞利格曼说："悲观情绪早期就能加以确认，也可以改变，所以情绪容易悲观的人可以参加简短的训练计划，永久改变他们对不幸事件的思虑，从而降低患病乃至死亡的风险。"

那么如何让乐观的心态长伴左右呢？好的磁场能吸引好的人、事、物。好比积极、善良的人常会遇见贵人，有好的事业机会，财运也比一般人多。幽默感十足的人有令人羡慕的人际关系。这些人都值得我们去接近，去交往。和喜欢赌博的人交往，自己潜在的赌性就在不自觉中被激发出来；和喜欢读书的人交往，很快会感染到书中乐趣无穷……

空气中弥漫的气息都会影响我们的情绪，保持居住环境的通风、明亮，是创造好磁场的第一步。脑海中要常常保持乐观的信念，相信自己可以健康。相信自己值得被爱，相信自己的人生有价值，相信自己配得到完美伴侣，相信自己要快乐是很简单的，悲观起来才是困难的。

乐观的人看什么都乐观，无论到哪里，都会受到别人的欢迎，而且，成功和健康也会伴随他。悲观的人则恰恰相反。我们要保持着那一种乐观的心态，做一个乐观者，我们的人生才会散发光彩。

快乐是活力的源泉。如果有一天你一早起来就觉得非常不快乐，有满肚子的烦闷，一直到晚上，竟然还是提不起精神，满面愁容，那么肯定是你的身体出了毛病。在这种情况下，就要尽快找出你的病根。

清醒是活力的保证。思绪不清、心神不定，做任何工作都会感到无能为力，脑海里那些乱七八糟的东西就会冒出来，使你身心受损，使你身体的活力和心灵的活力全部遭到破坏。

有规律的生活同样是活力的保证。如果你不能保证自己有足够的睡眠、充分的运动和适量的饮食，那么你迟早受到坏习惯的严惩。

有些人记得及时给自己的车辆加油，但他们不知自己应该开始一次舒服的旅行，给自己加点油；雇工们都知道要把机器仔细检查一番然后才能启动开关，但他们对于自己身体的机器却从来不知道检查，不知道让它得到更适当的休整。

机器的保养关系到机器的效率和寿命，人体的器官同样如此。如果成天埋头工作，劳累过度，等到体力不支才肯歇手，那么他也可能再也没有重新动手的机会了。开足了自己身体的马力，工作工作再工作，直到这架机器快要炸裂了才肯罢休，这样做真是一种自我摧残。保持生命活力的最好方法就是适度的睡眠、定量的饮食和充分的运动，最好可以适时到农村旅行，这样做就能使你所耗的精力和体力得以迅速恢复。

因此，当你在沉思中感到身心疲惫、生活乏味，遇到任何事都提不起精神、引不起兴趣的时候，你就应该多睡一会儿，或者多散散步。这样，那些忧愁苦闷的情绪就会在不知不觉中消失，你将重获好心情。

保持自己生命的活力就是如此简单。当你坚持这样去做了，你就会发现成功原来也如此简单。

做一个幽默的人

幽默是一种能力，也是一种人生的态度。虽说幽默这东西多点少点既不碍吃也不碍穿更不碍活着，但有了它，你就能够在社会上与人相处得更融洽、更滋润。你会适时地调整自己的心态，化解矛盾，缓和敌意，安然渡过一个个人生难关。幽默还是一种人生的境界。以大气和超逸为精神基础的幽默，是生命体验的高格调。它能超越人生的失落感、苦难感以及可鄙的急功近利。它以追求浪漫的人生理想和真正意义上的自我价值为人生准则，从而实现自己的终极追求。幽默更是一种人生的大智大勇。它相信地球永远只朝好的方向转，人性的潜能是"正无限"的。幽默者是真正的革命乐观主义者。

具有幽默感的人，都有一种超群的人格，能自己感受到自己的力量，独自应付任何困苦的环境，并且这样的人最受欢迎。像这样具有幽默感的人，历史上并不鲜见，文学大师歌德就是一位闪耀着幽默光彩的智者。

我们来看看他的幽默：

> 有一天，歌德在魏玛公园散步。在一条只能过一个人的过道上，他迎面遇到了一个曾经对他的作品提过尖锐意见的批评家。
>
> 这位批评家大声喊道："我从来不给傻瓜让路！"
>
> "而我则恰恰相反！"歌德边说边微笑着让在一旁。

我们或许不能像歌德那样超凡脱俗，但我们确实可以时时去转动一把钥匙——幽默。用幽默来使自己开心，使自己精神超脱尘世的种种烦恼；用幽默来增加活力，使生活多一点情趣；用幽默来使自己令人难忘，同时给人以友爱与宽容；用幽默来使自身乐观、豁达——不仅如此，幽默还可以润滑严酷的现实。

> 有一天，著名诗人劳尔正在伏案创作，突然，有人敲门，原来是仆人送来一件邮包。寄件人是劳尔的朋友麦克先生。劳尔因紧张地写作而感到有些疲倦，又因被人打断写作思路而显得很不高兴。他不耐烦地打开邮包，里面包着层层纸张。他撕了一层又一层，终于拿出一张小小的纸条。小纸条上写着短短的几句话："亲爱的劳尔，我健康而又快活！衷心地致以问候。你的麦克。"
>
> 尽管劳尔感到不耐烦，但是这个玩笑却逗得他十分快乐，疲倦感即刻消失。他调整情绪后，决定对他的朋友也开一个玩笑。
>
> 几天后，麦克先生收到了劳尔的一个邮包。那邮包重得很，他无法把它拿回家去。他雇了一个脚夫帮他扛回家去。到家后，麦克打开了这件令人纳闷的邮包。他惊奇地发现里面是一块大石头。石头上有一张便条，上面写着："亲爱的麦克！看了你的信，知道你又健康又快活，我心上的这块石头落地。我把它寄给你，以永远纪念我对你的爱。"

幽默是人们为改善自己情绪和面对生活困境时所产生的一种需要。它的形成主要在于人们的情绪。当你对他人的幽默以快乐和肯定来回应时，当你帮助他人感受快乐时，健康的幽默就已经产生了。

友善的幽默能表达人与人之间的真诚、友爱，能沟通心灵，拉近人与人之间的距离，填平人与人之间的鸿沟，是希望和他人建立良好关系的不可缺少的东西。

特别当一个人要表达内心的不满时，如果能使用幽默的语言，别人听起来会顺耳一些。当一个人需要把别人的态度从否定改变到肯定时，幽默具有很强的说服力。当一个人和他人关系紧张时，即使在一触即发的关键时刻，幽默也可以使彼此从容地摆脱不愉快的窘境或消除矛盾。

有一天，英国著名的文学家萧伯纳在街上行走，被一个骑自行车的冒失鬼撞倒在地上，幸好没有受伤，只虚惊了一场。骑车的人急忙扶起他，连连道歉，可是萧伯纳却惋惜地说："你的运气不佳，先生，你如果把我撞死了，你就可以名扬四海了！"

萧伯纳的这一句妙语，把他和肇事者双方从不愉快的、紧张的窘境中解放出来，使这起事故得到友好的处理。萧伯纳的幽默不仅使自己给对方留下了难忘的印象，同时又给人以友爱和宽容。

我们可运用幽默来增强活力，从幽默中汲取力量来应付任何困境，摆脱种种烦恼。一个不懂幽默的人，他就不懂调节情绪的方法，他所遇到的困难也就越多，他的情绪也更容易消沉。因此，面对困难重重的人生，我们必须学会和展示出自己的幽默感。

第四节　缓解情绪，平静身心
——舒缓之美

舒缓是生活清新剂

在日常生活中，音乐能够给人们带来的欢乐是不言而喻的。同时，曾有研究证明，音乐可以帮助缓解人们的紧张情绪。但是，什么样的音乐能够舒缓人的情绪呢？

针对这个问题，英国的科学家进行了一项研究：

研究人员邀请了12位音乐人和12位未受过专业音乐教育的一般人参加生理反应实验。研究人员选用了不同风格和节奏的音乐，其中包括节奏十分舒缓的印度古典乐曲、节奏舒缓的贝多芬的第九交响曲、节奏较快的维瓦第的古典音乐、电子合成音乐和安东·韦贝尔节奏缓慢但变化较多的音乐。

研究人员要求每个受试者第一次试听时按不同顺序将所选的音乐片段听两分钟，然后每隔两分钟，再听四分钟同样的音乐。测试结果显示，节奏较快且旋律结构比较简单的音乐会加快人的呼吸速度，并使血压上升，心跳加快。当音乐停止后，心跳、血压以及呼吸速度都会开始下降，有时甚至会降到比原起点还要低。而舒缓的音乐能够使心跳速度变慢。其中，印度古典乐曲让心跳速度变慢的效果最明显。

研究人员表示，在此之前，还没有人对不同的音乐对人的心血管和呼吸系统所产生的影响做过对比研究。而他们的对比研究显示，听音乐是否能让紧张的情绪缓解下来，关键不在于听者所喜欢的音乐类型，而在于所听音乐本身设置的速度。

研究人员还表示，压力和紧张的情绪都会对人的心血管系统产生负面影响。而音乐不仅能够减轻人的紧张情绪，同时也能增加心血管疾病的治疗效果。此外，音乐还能帮助神经系统受损的患者在康复治疗过程中改善其运动功能。他们发现，速度舒缓的音乐能够对紧张的情绪起到放松的作用，而且等音乐停止后，听音乐的人的心跳节奏和血液循环系统会得到进一步的调整。而那些有过一些音乐训练的人能够从音乐中获得更明显的健康效益。

参加这项研究的研究人员表示，他们的测试证明，慢节奏、比较安静的音乐可以使人的呼吸器官放慢进气和呼气速度。这也是通过科学研究第一次证明，音乐可以比较容易地使人的呼吸速度变慢。当人的呼吸速度变慢时，人的血压通常也会下降，而且还有助于肺部更加有效地工作。

由此可见，舒缓的音乐有助于人的身心健康，它是生活的清新剂，能够净化我们的思想。浮躁的时候，不妨听一听舒缓的音乐，身心必能柔软平静下来，其实抒情缓慢的音乐就像一针镇静剂，可调试人的心情。

在淡淡的音乐里更能心宁气定，也更能找到自己生活的方式。首先，这样的节奏让你不迷惘了，也不急躁了，安抚和抹平了你的内心，将那片本是很深重的地带渐渐柔化开来，似晕染水墨，不再触目惊心。在这样的氛围里，再望周遭似乎比平常更美，更值得多品味揣摩一番。

音乐的旋律慢慢过渡着，窥不见坎坷，也听不到辉煌，像是徜徉于深海一般，享受那种无止境的散漫与畅快，听到的音符是没有汗水的，因为它的节拍只会让人安静，更安静，听它的时候，周围的气息仿佛跟着一起凝固下来。没有蹦跳，没有手舞，只是慢慢地跟着进入状态。

做人不要情绪化

正如上面所述，舒缓的音乐可以让人心旷神怡，使人狂躁失控的情绪安静理智下来。可见，一个人的情绪的控制力对于成功的作用和高智商一样重要。不仅如此，要过好的生活，使自己享受富足的精神，就必须具有较高的情绪智商。

三国时期，有一次，曹操想请司马懿出来帮他，司马懿见形势还不明朗，便推说自己病了。曹操派人前去打探，见司马懿整天卧床不起，只好作罢。

后来曹操势力大了，司马懿还是出来做了官。曹操死后，传位给曹丕，曹丕死后，又传位给曹睿，曹睿死后又传位给 8 岁的曹芳，由曹爽和司马懿共同辅佐他。曹爽独断专行，司马懿失去了实权。这时候司马懿意识到了危险，便又称病在家，什么事也不管了。曹爽听说司马懿病重，自然高兴，但也不无怀疑，便派了一个叫李胜的人去察看。李胜来到司马懿家里，只见一个婢女正在给司马懿喂粥，司马懿的胡子、衣襟上洒满了粥。看见李胜，他装聋作哑，唠唠叨叨地说了一通废话。

李胜果然被骗住了，回去告诉曹爽，说司马懿那老头子只剩一口气了。曹爽放下了一块心病，更加独断专行。但司马懿的夺权计划却在秘密进行。

魏嘉平元年，司马懿集结几千名精兵，迅速占领了都城，假借皇太后命令，罢免了曹爽的兵权。曹爽交出兵权后被软禁起来，不久又以谋反罪被诛杀。至此，曹魏政权落在司马懿的手里。

古今中外成大事者，无一不是善于控制自身情绪的人。司马懿想夺取天下，但他绝不贸然行事，第一次装病是伺机而动，第二次装病是"示弱"以保护自己，两次都事关重大。两次装病，才有司马懿后来的独揽政权。

自由并非来自"做自己高兴做的事"，或者采取一种不顾一切的态度。自由是要战胜自己的情绪，证明自己有控制自己命运的能力，必须学会自控。如果任凭情绪支配自己的行动，那便使自己成了情绪的奴隶。一个人，没有比被自己的情绪奴役更不自由的事了。

我们每个人都在通过努力做使自己生活更有意义的事，并且在向着未来的目标奋进。但是，生活在现实的世界中，我们绝不应该采取仅使今天感到愉快而丝毫不顾及明天可能发生的后果的态度。我们的情绪大都容易倾向于获得暂时的满足，所以我们要善于做好自我约束。但是须注意的是，那些能提供大量暂时的满足的事，通常就是对我们长期的健康、快乐和成功最有害的事情。因此，在追求一种有意义的生活时，我们应当努力预测自己所从事的事情对将来可能产生的后果。

不可否认，人是有欲望和需求的，如果对欲望和需求不加以约束和克制，欲望就会不断膨胀。权欲、名利欲、占有欲、贪欲，所有这些都是人生活在社会中，受到社会环境的影响产生的，是最能对人的情绪产生影响的产物。道家提倡的"清心寡欲"是对待欲望的一种方式，还有一种方式，就是不加克制地任由欲望膨胀，其结果当然只会增加伤害。

除了欲望，人还有惰性心理以及消极心态，这些都将影响到你的情绪。

　　王述是东晋大臣，性情极其急躁。家里的人都不敢轻易招惹他，与他同朝为官的人都知道他性情急躁，因而也不敢轻易惹他。

　　王述喜欢吃卤鸡蛋：就是把煮熟的鸡蛋去皮，再在卤汤中煮，其味道香极了。这天，厨房又特意为他准备了卤鸡蛋。看到又香又大的卤鸡蛋，王述口水都要流下来了。他迫不及待地拿起筷子就夹，可是鸡蛋太滑了，怎么夹也夹不上来，这可气坏了王述，脑门上不禁渗出几滴细汗。于是，他干脆用筷子叉，可是鸡蛋很滑，他怎么都叉不到。王述连续试了几次都不成功。这下他可发脾气了，再也没有耐心去夹鸡蛋。怒气冲冲地把整盘鸡蛋都掀到了地上。鸡蛋在地上滚来滚去还是没有停，看着鸡蛋不停地在地上打滚，他的火气更大了，慌忙穿上木屐下地去碾，可还是没碾到。他气得要命，口中不住地念叨："气死我了，跟我过不去，看我不宰了你。"说着从地上捡起一个鸡蛋放进嘴里，狠狠地嚼碎了又立即吐了出来，以发泄愤恨。

　　当时还有一个人谢奕，他是东晋著名大臣谢安的哥哥。谢奕的性情粗暴蛮横，自己虽然没有什么本事，但是因为他弟弟谢安占有实权，他就有恃无恐，在整个京城也是个说一不二的人物，如果有谁敢惹他，肯定不会有好下场。

　　一次，王述和谢奕同时参加一个大臣举办的筵席，席间大臣们为了一件小事发生了争论，以王述为首的一派和以谢奕为首的一派意见相左，各派都坚持自己的观点，谁也不肯让步。最后还是在主人的劝说下，两派才善罢甘休，各自回到自己的座位上，继续喝酒。王述很快就把这件事忘了，继续和朋友们喝酒聊天，而且喝的十分尽兴。而谢奕就没那么健忘了，他越想越气，心想：死王述，你不想活了，竟然在别人家的筵席上和我发生争执，而且一点也不知道让着我，搞得我一点面子都没有……谢奕越想气就越不打一处来，那天晚上的筵席也没尽兴。心里总在骂王述。回到家里，他越想越不是滋味，整个晚上都没睡好。第二天一大早，谢奕就来到王述家，王述家的大门还没开呢。谢奕就命人拼命地撞门，差点把门给撞坏。王家的仆人吓得不得了，慌忙打开大门，并去禀报王述。王述匆忙穿上衣服，准备去迎接谢奕。可还没等王述出门，谢奕已经气冲冲地闯了进来，见了王述劈头盖脸地一顿臭骂："王述，你个不知天高地厚的东西，竟然在昨晚的筵席上和我顶撞，你不知道给我留点面子吗？你是什么东西，读了那么多圣贤书，都喂狗吃了……"谢奕肆无忌惮地在王家大骂，王述始终不敢正面看谢奕。他知道昨晚酒喝得多了，是不该和他发生争执，毕竟谢奕是谢安的哥哥，得罪了他们兄弟可不是闹着玩的。于是任凭谢奕大骂，一句也不还。谢奕骂了足足有半个时辰，嗓子都哑了。又命身边的仆人继续骂，仆人们也喊累了，声音越来越小，谢奕这才罢休，带着人走了。王述过了很长时间才转过身来，偷偷地问身边的仆人："他们走了吗？"仆人说："走了。"此后，人们都称赞王述虽然性情急躁，却能够有所容忍。

性情暴躁，遇事不能控制自己的感情，是阻碍个人发展的一个很不利的因素。王述就是一个性情很急躁的人，从他吃鸡蛋这件事上我们便可以看出。但是当谢奕大骂王述的时候，他并没有丧失理智，而是能够从容面对。其实这里的道理很简单，对鸡蛋发脾气，鸡蛋不会报复自己，而如果对谢奕发脾气，那日后必定遭到报复。

所以，那些性情暴躁的人，一定要控制好自己的情绪，遇事不要轻易发火，要学会容忍，否则就会得罪很多人，日后必将不利于自己的发展。

第 6 章

交汇出来的人生——美的线条

　　人生之简单，就像生命巨画中简单的几笔线条，有着疏疏朗朗的淡泊；是生命意境中的一轮薄月，有着清清凉凉的宁静。人生之复杂，是泼洒在生命宣纸上的墨迹，渲染着城府与世故；是拉响在生命深处咿咿呀呀的胡琴，挥不去嘈杂与迷惘。天地有大美，于简单处得；人生有大疲惫，在复杂处藏。

第一节　一心一意，一往无前
——直线之美

在日常生活中，一根拉紧的绳子、一根竹竿、人行横道线，都给人以直线的形象，而实际上直线没有端点、可以向两端无限延伸，其长度无法度量。

像直线一样进取

直线是没有宽度可言的，它的宽度可以像一根头发那么细也可以像一条河那样宽。正如人生的成功，一个人如果无法将所要关注的对象集中于心上，或者无法将分散注意的对象驱逐于脑外，这样的人不论做任何事都将一无所获。

假如你在学习上非常认真，学习态度十分积极，由此，你的理解力和领悟力也就大大增强。如果你能这样一直坚持下去，今后的学习就会变得更加轻松愉快了。只要你不断努力，学习的乐趣也会不断地增加。

在你学习时，希望别忘了最重要的一点，那就是集中精神是最重要的。除了正在做的这件事之外，别的什么事情都不要想。不只是学习时需要如此，游戏的时候也是一样，我希望你游戏的时候能够和学习时一样认真。

相反，如果你在这两种场合都不能认真地集中注意力，那么不论你做什么事情，都将会毫无进展，也无法从中获得丝毫的满足感。

我们可以想象一下，在晚会或餐宴上，有没有人还在想逻辑问题？如果真有这样的人，他尽管和大家在一起，但也无法享受聚会的乐趣，而且在众目睽睽之下，他的这种举止也会让人感到非常不合群，因而不受他人欢迎。同理，如果一个人在书房里研究某一个问题时，脑海中却一直浮现着摇滚音乐，这样的人一定也无法成为优秀的学问家。

小李是北京某著名律师事务所的法律顾问，他除了能够将日常工作掌握自如以外，夜晚的聚会也每场必到，一个白天如此忙碌且公务缠身的人仍能有充分的时间和大家一起吃饭。甚至有时还能安排出闲暇时间去参加娱乐节目，到底他是怎么运用自己的时间的呢？

小李说："其实这并不是什么特别困难的事情，一次只做一件事情，今日事今日毕，仅此而已。"

小李能够一次集中精神在同一件事情上，使自己不被其他事情干扰，这就是他比别人突出的地方。或许有了这项能力，就可以证明他是一位天才了吧！反过来说，一位凡事定不下心来，做事情匆匆忙忙的人，他一定也会一无所获的。另外，一个每天叹息"我今天只做了这一点点事情"的人，也不会取得什么大的突破。

人的精力是有限的，对于那些琐事我们大可以放弃，一心一意地选择单一的目标，然后竭尽全力地去做，这样才有成功的希望。在职场当中，很多人之所以忙到"不知如何下手"，并不是他们的工作真的多到他们不堪重负，只不过他们没找到解决问题的最佳方法。他们常常试图同时做无数的事情，所以总是没有头绪、杂乱无章。如果他们能够坚持一次只做一件事，那么他们的工作就会轻松许多。

乌吉塔在火车站的咨询室门口工作，她每天都要接待大量的人群，这些来去匆匆的旅客常常抢着问自己的问题，并企图能够立即获得答案。但她并不感觉紧张，常常镇定自若地应对大量缺乏耐心和态度粗暴的旅客。当同事们向她询问秘诀时，她淡淡一笑说："一次招待一个旅客就好了。"

有一次，她面前出现了一个又高又胖的男士，他的衣服已被汗水湿透，满脸焦虑与不安。由于周围人太多太吵，乌吉塔不得不倾斜着身子，以便能听清他的声音。她认真看着这位先生问："你要去哪里？"

这时，有位富态的太太试图插话进来。但是，乌吉塔旁若无地继续问这位先生："你要去哪里？"

对方说："春田。"

乌吉塔继续问："是俄亥俄州的春田吗？"

对方纠正说："不，是马萨诸塞州的春田。"对方需要的答案早已经刻在乌吉塔的心上，她马上回答说："那班车是在 30 分钟后，在第八站台发车。你慢慢走，你的时间很充足。"

对方确定地问："你说是第八站台吗？"

乌吉塔微笑着说："是的，先生。"

那先生转身走开了，乌吉塔立刻开始接待下一位客人——富态的太太。但是，没多久，那位先生又回来问站台号。"你刚才说是十一号站台？"这一次，乌吉塔只把注意力放在富态的太太身上，而不理会这位先生。而这位先生并没有生气，他耐心地等着乌吉塔回答完那位太太的问题，然后来解决自己的问题。

就这样，虽然每天都要做很多工作，但乌吉塔在人群中的身影始终镇定自如。

是的，很多时候事情就是这么简单，一次只做一件事。你就可以从繁杂的事物中解脱出来。如果总想让自己的工作高效而简单，结果往往既不高效也不简单。所以，当你感到力不从心的时候，不妨把精力集中起来放在眼前的事情上，只做这一件就可以。

做事情要一心一意

不论做任何事情，都必须尽全力去做，最重要的是，要把全副精神集中在自己的工作上。

《成功杂志》在庆祝创刊 60 周年时，著名记者西奥多·瑞瑟在爱迪生实验室外扎营 3 个星期，终于访问到了这位伟大的发明家。瑞瑟问："成功的第一要素是什么？"

爱迪生这样回答："能够将你身体与心智的能量锲而不舍地运用在同一个问题上而不会厌倦的能力……你每天都在做事，不是吗？每个人都是，假如你早上 7 点起来，晚上 11 点睡觉，你就能够做 16 个小时的事。对大多数人来说，他们肯定是做很多事情。唯一的问题是，他们做很多很多事，而我只做一件事。假如你们将这些时间运用在一个方向、一个目的上，你们就会成功。"

　　古时候有个叫范楚深的人。他的父亲是一位商人，非常有钱。他的注意力非常容易分散，上课时老是三心二意。每次老师考试时，他的成绩都很不理想。从小到大，他一直都是混过去的。有一天，他的父亲给他一千两银子，叫他去创业。在半路上，他手提着一千两银子，想自己去做什么工作。他去了楚国，见到了他父亲的朋友，他现在也是一个商人，在卖珠宝。父亲的朋友向他推荐了一个人，说他非常喜欢为别人出主意。范楚深找到了那个人。那人对范楚深说："你先去卖东西吧！一定要做到底，绝不能放弃。如果没有什么急事，绝不能离开店铺，注意一定要专心。"

　　范楚深很感激他，给了他一百两银子。然后开了一家卖翡翠的店铺，刚开始，他还是一心一意地去做。可是后来，他每天只知道去吃喝玩乐，卖东西这件事都忘记了，以致好多翡翠都被人偷走了。到再后来，他赚的钱还没有开店铺的钱多。　就在这时，那人又对他说："一定要一心一意，把事情做到底。不要放弃。" 可是店铺又只开了一个月就倒了，翡翠也都送人了。范楚深又去开了一家卖盐铺。可是他还是那样马马虎虎，三心二意。有时人家买了一千克的盐，结果他给了人四千克。最后还是一分钱也没有赚到。

　　于是他又去向那人请教能成功的秘诀，那人对他说："其实我也没有什么秘诀，只是让你懂得一心一意这个道理。"

　　只有一心一意地做事，才不容易出错或失败，才能达到事半功倍的效果。

　　微软全球公司总裁比尔·盖茨之所以成功，成为世界首富，是因为他只一心一意做一件事——软件。除了软件，他什么也不做，所以他的软件做到了别人望尘莫及的地步。现在，全球知名的慈善机构"比尔和梅林达·盖茨基金会"的负责人表示，在宣布 2008 年开始放下微软公司日常管理的重担之后，比尔·盖茨未来将一心一意地参与慈善基金会的工作。

一心一意做一件事，也有助于培养人们的专注能力。因为孩子的兴趣一般会很快转移，所以，就出现了这种局面：孩子今天学钢琴、明天学电脑、后天再学绘画，可是到头来却什么都没有学好。心理学家指出，这种"三天打鱼，两天晒网"式的学习对培养专注能力往往起负面的影响。因此，学会一心一意地做好一件事情尤为重要。

第二节　另辟蹊径，随机应变
——曲线之美

自然界的物体，多数呈曲线状。崇山峻岭，是屹立着的曲线。江河溪流、是流动着的曲线。大海汪洋，是翻腾的曲线，波光粼粼，是抖动着的曲线。一弯新月，一道彩虹，飞禽展翅，走兽奔走，是变换着的曲线。花草树木，更以曲线显示媚态。树中莫如柳，花中莫若菊，袅袅娜娜。

直线是力，曲线是美。自然形态的曲线是美的。社会形态上不美的曲线，要靠理性的直线校正。好在世界上没有绝对的东西，绝对的直线与绝对的曲线都是没有的。线由点组成，你在地球上严格地沿着一个方向，走直线，永远走直线，最后还是回到原点，其实你走的还是一条曲线，因为——地球是圆的。"两点之间有且只有一条直线。"但两点之间可以有无数条曲线。做事只用一种方法未免太死板了，曲线才是灵活多变的体现。走路只走直线，只走近路，可能会错过很多风景，尝试着走曲线，走远一点，你就能看到更美的风景。所以说，读懂曲线之美，就要学会随机应变。

要学会灵活多变地处事

整个世界都处于变化之中，与人交往也是如此，只有懂得"变"的法则，才能把握机会，逢凶化吉，转难为易，若不知道应变，则往往会碰壁。所以，在保持高尚人格的前提下，学会随机应变，将会使自己在社会生活和工作中受益无穷。智者知道"变则通，通则久"的处世哲理，而愚者却画地为牢，墨守成规，束缚住了自己的手脚。

一个人无法两次踏入同一条河流。时过境迁，一切都处在变化之中，我们不能重走自己的老路，所以智者在社会交往中会根据自己所处的场合与情境的变化考虑应变的方式，而愚者不知应变，往往会被现实抛弃。在不同的时代、不同的场合中，做事说话也要适时、待机而动，同时，还要考虑对方的身份、地位，因人而异，以不同的交往方式来赢得不同时代、不同场合、不同人群的认同，才是明智的举措，如墨守成规，不会随机应变，势必在社会交往或做事中像哑巴吃黄连——有苦说不出。

在急驰的列车上，一位身着便衣的侦察员走进列车上的厕所。却不料一个时尚前卫的妙龄女子，一闪身也跟着挤进厕所，反手将门锁上："先生，把你的手表和钱包给我。否则，我就喊你侮辱我！"

面对这突如其来的场面，侦察员清楚地知道，厕所里没有其他人，辩解毫无意义，稍有迟疑，女子就会反咬一口，使自己身败名裂。陷入困境中的侦察员急中生智，张着嘴巴不停地"啊，啊"，一个十足的哑巴，表示不懂女子说的是什么。

赶紧打手势，侦察员仍然窘急地"啊啊"着，见此情景，女子失望了，真倒霉，怎么碰上个哑巴！她转身正想离去，此时，侦察员一把抓住女子，拿出钢笔，打着手势请她将刚才说的话写在手上。女子欣然接受，接过钢笔就在侦察员的手上写道："把你的手表和钱给我。不然，我就喊你侮辱我！"侦察员立即翻转手掌，抓住女子说："我是便衣警察，你犯了抢劫罪，这就是铁的证据！"女子目瞪口呆，乖乖被擒。这位便衣警察就是靠勇敢和机智战胜了犯罪分子。

智欲圆而行欲方。人的智慧要圆融无碍，不仅要看到事物静止不变的一面，还要看到事物运动发展的一面；不仅要看到各个不同事物的个性和局部，更要看到事物的整体和共性；不仅要看到事物的具体现象和应用，还要看到事物的本质；不仅能够坚守原则，以不变应万变，而且要有高度的灵活性，分析此时、此地、此人的具体情况，以求得最佳的解决方式，这是从"智圆"的角度来讲。

从行为上讲，人的智慧虽然应圆融无碍，但在具体的作为上却不能模棱两可。做人必须遵守一定的法度和规则，以便立足于社会之中。

不同的场合，要以不同的方式来说话做事

20 世纪 60 年代初期，我国曾击落过一架入侵我国的美制高空侦察机。在一次引人关注的记者招待会上，一位外国记者就此询问陈毅外长："请问外长先生，你们是用何种武器击落如此先进的高空侦察机的？"这是军事秘密，不能公开回答，但如不回答又会使提问者尴尬。陈毅就势举了举自己手中的拐杖，说："就是用这玩意儿把它捅下来的。"说着还做了个往上捅的动作。此举赢得了一片热烈的掌声。陈毅幽默不失机智的回答，是外交场合中必不可少的。

在有些情境中，如果遇到麻烦需要你机智灵活地运用应对方式，使自己摆脱所处的境况，仅靠哀求和喊叫都无济于事。

小莉是一位美丽而聪明的姑娘，有一天，她戴着一顶很别致的帽子在街上走着，几个小流氓抢走了她的帽子，还嬉皮笑脸地说："小姐的帽子真漂亮啊。"小莉十分镇静，微笑着说："是吗？我想你们一定也想给你们的姐姐妹妹买一顶，对吗？不过，我劝你们不要买，因为她们也会像我一样被别人抢了帽子。"几句话，把对方说得无言以对，乖乖地把帽子还给了她。

聪明的小莉显然明白，在这种情况下，苦苦哀求与大喊大叫都是无济于事的，唯有刚柔相济、以智取胜。她的话含而不露，绵里藏针，以角色易位的方式，巧妙地斥责了几个小流氓的行径，从而触动了他们的

美学与人生——靓丽人生的风景

良知，进而收敛了自己的劣行。她的应对方式极其高明，真可谓"不战而屈人之兵"。

电影幽默大师卓别林，不光演技突出，而且在生活中也是一位特别机智的人物，一天，卓别林带着一大笔款子，骑车驶往乡间别墅。半路上遇到一个持枪抢劫的强盗，逼他交出钱来。卓别林满口答应，只是恳求他："朋友，请帮个小忙，在我的帽子上打两枪，我回去好向主人交代。"强盗摘下卓别林的帽子打了两枪，卓别林说："谢谢，不过请再把我的衣襟也打两个洞吧。"强盗不耐烦地扯起卓别林的衣襟打了几枪。卓别林鞠了一躬，央求道："太感谢您了，干脆劳驾将我的裤脚也打几枪，这样就更逼真了，主人不会不相信的。"强盗一边骂着，一边对着卓别林的裤脚连扣了几下扳机，却不见枪响，原来子弹打完了。卓别林一见，赶忙拿上钱袋，跳上车子飞也似的逃走了。

卓别林的智慧使他在危险之中临危不乱，巧妙应变，最后化险为夷，逃离险境，给我们以启发。

秦始皇去世前，曾立下遗诏，要太子扶苏继位。

当时太子扶苏因为素来与秦始皇政见相左，早被派到北方边疆监军，跟大将军蒙恬在一起。蒙氏家族是将相世家，蒙恬及其弟蒙毅在朝中拥有很高地位。

而秦始皇死时，身边只有权宦赵高及丞相李斯。赵高一心想立自己便于控制的胡亥做皇帝，便趁外人还不知道秦始皇已死及遗诏内容时，胁逼丞相李斯一起，改了遗诏，命扶苏自杀，要胡亥继位。

扶苏接到假的诏令后，觉得十分悲愤，却不愿违抗命令，便要自杀。蒙恬觉得诏书有诈，劝扶苏弄清真相再死不迟。可扶苏一片愚忠，不顾一切地自杀了，将大好河山交给了昏主奸臣，致使秦朝不久便灭亡了。与其说秦朝是被刘邦等人推翻了，不如说是被愚忠的扶苏给葬送了。

在生活中，我们不可能只在一种环境场合下只和一种人打交道，因此学会应变是每个聪明人处世应事的法宝，有了这个法宝，在社交中你将无往而不胜，但如果不知道应变，你便会觉得四周全是墙壁，免不了要碰得头破血流。

第三节　共同进退，兼顾彼此
——平行之美

共舆而驰，同舟共济；舆倾舟覆，患实共之。——《后汉书》

学校里的人际关系，集中体现在班集体的团结上。一个团结的班集体，同学关系、师生关系都十分融洽，同学和睦相处，师生互敬互爱，每个人都生活得愉快而且充实。这样的环境能陶冶人的情操，发挥人的潜能，最大限度地促进学生身心的健康发展。促进班集体的团结，首先要使同学认识个人和集体的关系，个人是团体的一分子，一个团结的集体依赖于每一个团体成员的努力，要以集体利益为重，要维护集体的荣誉。班级里每一个人都要互相团结和协作，才能形成团结的、有力量的集体。相互猜疑、嫉妒、排挤、打击，只能削弱集体的力量。

要有集体荣誉感

在一个集体中，每个人都应该有集体荣誉感，其实每个人心中都有集体荣誉感。在中学时代，由于当前我国的教育状况，迫于学习的压力，没有多少学校组织学生参加集体活动。因此，学生的集体荣誉感得不到很好的体现，更得不到提高。这确实让人感到有点遗憾。作为一名新时代的青少年，身为集体中的一员，更应积极参加集体活动，只有当你确实积极参加到集体活动中来，你才能切身感受到集体荣誉感的存在以及它的重要性。与此同时，你的集体荣誉感会得到进一步的升华，你所在的集体也会变得更加出色。

  传说某年三月初三，王母娘娘邀请了八洞的神仙参加瑶池的蟠桃盛会。铁拐李、汉钟离、吕洞宾、蓝采和、张果老、韩湘子、曹国舅、何仙姑八位神仙兴高采烈，在蟠桃盛会上尽情畅饮，喝得酩酊大醉。

  盛会结束后，他们一个一个东倒西歪地来到东海边，只见东海浩瀚无边，波澜壮阔，万顷碧波不断翻滚起滔天的巨浪，透过碧蓝的海水，八仙通过法眼隐约看见金碧辉煌、无比灿烂华丽的龙宫，于是喝醉的吕洞宾就提议大家乘兴遨游东海。

  比较清醒的汉钟离连忙阻止说："东海龙王一向目中无人，狂傲自大，而且他法力高强，我们还是不要惹他吧！免得伤了大家的和气，咱们还是回八仙洞吧！"

  铁拐李一听，很不高兴，他说："你怎么能长他人志气，灭自己威风呢？一个小小的龙王算得了什么！"汉钟离听出他语气中的不满和讽刺，便冷笑一声，说："仙长若是固执己见，不听规劝，闹出事再后悔就来不及了！"

  铁拐李一听，更加生气，盛怒之下将龙头拐杖狠狠地掷入大海之中，再轻巧地纵身一跃登上拐杖。忽然之间，那拐杖就变成了乘风破浪的龙舟，在东海里肆意穿行，那情景真是动人心魄。其他几位仙人担心铁拐李遇到意外，也连忙跟在铁拐李的身后。

  汉钟离盘下双腿，稳稳当当坐在乐鼓之上，一会儿飞上浪尖，一会沉下浪底。吕洞宾取出腰间的葫芦，左右摇晃几下，立刻葫芦里就飘出缕缕烟雾结成一朵五彩斑斓的云彩，吕洞宾便脚踏祥云飘然而下。韩湘子吹起玉笛，在悠扬悦耳的笛声中漫步跟随其后，浪涛在他面前分开一条路来，身上的衣服不沾一点水星。而曹国舅则用竹板打着拍子哼着歌，踏着龟背破浪而行。何仙姑背着姹紫嫣红的花篮，篮中的奇花异草散发出迷人的芳香，随着海风飘到天涯海角。张果老倒骑着毛驴，扬起驴鞭，毛驴便昂头挺胸，如履平地般踏浪而行。蓝采和慢慢悠悠把玉板抛出，霎时间银光四射，飞溅起惊涛骇浪，龙宫也被震动了。于是东海龙王连忙派遣夜叉出来打探消息。

龙王知道那银光四射的东西是蓝采和的玉板，贪心大起，加上对八仙公然在东海上游玩非常不满，于是化回龙形，悄悄潜到海面，一口就把蓝采和那块集天地灵气、日月精华的玉板吞到嘴里，带回龙宫。玉板把龙宫照耀得更加光彩夺目，龙王高兴得不得了。

蓝采和丢了护身法宝，心里又痛又急，不禁开始埋怨铁拐李。铁拐李生性暴躁，一怒之下潜到龙宫，在龙宫门口大声叫骂，威胁龙王交还宝物，否则便要大动干戈。但龙王生性傲慢，根本不理会铁拐李，并且嘲笑铁拐李不自量力。铁拐李大怒，手中的铁拐顿时变成一条巨大的火龙，嘴里喷出滔天的火焰，龙宫一下子成了火海。其余各位神仙也陆续赶来，各自施展出看家本领，腰斩了两位龙子，龙王这才害怕了，赶紧把玉板还给了蓝采和。双方这才罢战。

于是铁拐李施法灭了龙宫的大火，吕洞宾从葫芦里倒出万斛仙水，东海又恢复了万顷碧波的样子。

"独柯不成树，独树不成林。"一根枝条成不了大树，一棵树成不了森林。八仙当中每个人的力量都是有限的，但是合八人之力却可以打败龙王。要想成就伟大的事业，必须善于团结别人，充分发挥群体的智慧和力量，展开充分合作，要知道集体的力量是无穷的。

集体组织叫我们在解放了双手以后，逐渐征服了远比人类凶猛的其他生物。然后人类开始共同思考着如何保证集体的正常运作的同时保证个人的最大的需求，对物质和情感以及思想领域的需求。但一直以来最大的问题在人类能够以集体方式征服其他生物以后，就不是如何征服其他物种，而是如何征服人类自身集体中的其他个体。如何在不失去集体属性的同时最大的发挥个体的属性，更多的是个人的意志力如何广泛被大众接受，这其实是个人的胜利。因此就会使集体中有阶级的分层次的生活。王侯将相的种种来自个人强烈的追求，或者说是个人的野心。个人要想得到集体带来的收入，要想拥有集体属性，要想不被淘汰——条件之一是个体还需满足集体发展的需要，因为没有免费的午餐。双向选择然后实现双赢。但现在所谓的集体中不安定因素大多是只认为集体的意志是某种个人的意志，没有辩证的理解集体感必然是存在的。

集体荣誉感是团队建设中事关工作成败的重要环节。有了集体荣誉感，我们就会热爱这个集体并发挥主动性和创造性，每个人都会表现出一种强烈的主人翁的责任感，会不断进取，产生积极向上的强烈愿望，会做到心往一处想、劲儿往一处使，形成一股合力，从而使我们更具有凝聚力和竞争力。相反，如果我们缺乏荣誉感，不为维护集体荣誉而努力，直接导致的就是人人各自为战、人人心里都想着自己的一套，如果变成这样，自我约束力下降，必然会导致纪律涣散。因此我们要发扬刻苦训练、顽强拼搏的精神，从我做起，从身边的小事做起，以损害集体荣誉为耻，以为集体争光为荣。

青春的我们，活力无限的我们，要想生活在一个幸福的集体中，要想在幸福的集体中赢得我们应有的青春业绩，就应该规范自己的行为，努力为集体出力，努力为集体争光，做到对自己负责，对集体负责，共同构建一个和谐的集体。只有这样，我们才能为社会这么一个大集体负责，贡献自己的力量。也只有这样，个人的青春业绩才会显得更有价值更有意义。

第四节　化繁为简，不失本意
——简单之美

简单才是真实，平淡才能恒久。就像朋友，能静静地听完你的倾诉，不露痕迹地安慰你，像冬天里的大衣，只要在身边，就能感觉到温暖。

生活不需要"构思过度"

这个世界很简单，复杂的只是人心而已。人心其实也不复杂，只要别构思过度就行。

余秋雨说："我们的历史太长，权谋太深，兵法太多，黑箱太大，内幕太厚，口舌太贪，眼光太杂，预计太险。因此，对一切都'构思过度'。"受这种思维的影响，原本单纯的孩子们早早地背负了"世界比你想象的还要复杂"的重壳，还未出校门就对社会产生了巨大的畏惧感，害怕自己无法适应这个"复杂"的社会。于是在长辈师长的谆谆教导下，心怀不安地开始钻研《厚黑学》《老狐狸经》《人际关系学》《处世哲学》等众多权谋图书，知道了对所处的环境要"眼观六路，耳听八方"，对朋友、同事"逢人且说三分话，不可全抛一片心"，对谋事要"三思而行"等道理。做事处处设防，处处怕被人算计，整日小心谨慎地生活，刻意地与人拉开距离，孤独无依，也不敢依。

这种小心谨慎、战战兢兢的心理使我们有限的生命变得沉重，不仅增加了无谓的时间成本，也间接地加大了事业的信誉成本，使生命的质量大打折扣。

事实上，我们并不需要想那么多，想那么远，更没必要把自己变成一个不停运转的机器。我们只需要静下心来，让思维跟生活变得有条理、有顺序，简单与惬意的生活就会自己向我们走来。

不久前，有一位老领导，将他一生中所有的经验教训总结为简单的四句话，告诉了他即将走入职场的儿子。

◇第一句话："不要盘算太多，要顺其自然。"做人不要盘算太多，只要自身努力够了，就不要拼命去求人，有时想得越多，心越急就越得不到回报；等你不想的时候，它反而会自主来到你身边。有些潜规则与不能把握的东西，还是顺其自然。该是你的东西终归是你的，不要太强求。

◇第二句话："压抑自己没必要，奉承巴结也没必要"。农村与城市、下属与上级、穷人与富人不可能对等，压抑自己完全没有必要。相对于趾高气扬的人，你再怎么尊重他，他也不会平等对你。你再怎么奉承、巴结，他也永远不会因为同情而施舍你。不管出身低微，还是处境艰难，都不要寄希望于他人礼遇。当说时就说，当做时就做，只要别心虚和畏首畏尾，就不会让人轻易看不起，而你也将赢得更多平等的机会和尊重。

◇第三句话："不要对谁特别好，也不要对谁特别不好。"物以类聚，人以群分。任何单位，任何群体，人际关系结构都离不开"三三制"，具体到个人身上就是三分之一的人对你一般，三分之一的人对你不"感冒"，三分之一的人对你好。这与我们常说的"三分之一的人在干、三分之一的人在看、三分之一的人在捣蛋"同理。所以，必须因人而异，好的要保持，中立的要争取，敌意的要宽容。永远不要被少数人利用。

◇第四句话："相信自己比依赖别人重要"。一个人，必须要有思想，有社会责任感，相信自己比依赖别人重要。不同的人做事肯定不一样，上司一般都能看出来的。只要尽心尽力做事，就不会被埋没。除非你对自己的能力有怀疑。关键是要摆正心态，有机会时就为社会多做点儿什么，没机会时要记住"为自己打工"，积累更多的有形无形资本。为自己做再多的事情也不过分，不论人生际遇如何，及时努力都不会错。

很多时候，很多东西，非要亲身经历了，才更贴近真实，才会发现，真的没必要太刻意地做一些，想一些事情。厚黑学之类的东西，并不是万金油，贴在哪里都管用。生搬硬套反倒容易给人邯郸学步的感觉，徒增了不少尴尬。

世界上的真理永远都是朴素的、自然的、简单的。仔细研究一下现代成功人士的道路，就会发现，他们的共同点就是：简单行事且极具思想。

其实，越好的团队越会憎恨消耗内部战斗力的尔虞我诈。阿里巴巴总裁马云就直接告诉新来的员工，要是谁想违背"简单"的公司文化，挑起办公室政治烟火，没别的话好说，立即走人！为了打击办公室政治，马云甚至在公司内部开展"延安整风运动"。

简单出精英，简单出实效。正如一则广告所说的：把简单的东西复杂化——太累，把复杂的东西简单化——贡献。世界比我们想象的要简单，不要总是人为地给它徒添累赘。

简单做人，就是对这个世界、对自己最大的贡献。

简单，所以优秀

每个人的空间都是有限的，计较的少，头脑空，才能集中更大的精力去做某一件事情。所以那些看起来简单的孩子往往比周围的人更优秀。

在还没有出校门之前，就有很多前辈告诉晚辈：这个社会很复杂，做人一定不能太单纯。但是，如果太不单纯，甚至从小就深怀心机，未必就是一件好事情。

　　某一天，学校里的年轻老师像往常一样给孩子们讲述"乌鸦和狐狸"的故事：狐狸看到乌鸦嘴里衔着一块令人馋涎欲滴的肉，就赞美乌鸦羽毛漂亮、身材健美，是天生的百鸟之王，如果再唱支歌的话那就更可爱了。乌鸦听了十分高兴，就得意忘形地唱起歌来。可是刚一张嘴，肉就掉到了地上，狐狸叼起肉喜滋滋地走了。讲完课文的中心思想之后，老师让同学们对受骗的乌鸦说一句话。几乎所有的同学都说，"乌鸦，你太虚荣了，听了恭维话就得意忘形"。只有一位胖乎乎的小女孩说，"乌鸦，你别难过了，我分给你一块肉。"小女孩刚说完，全班都开始哄堂大笑。老师语重心长地说，"你这孩子，就像那个农夫一样，会吃亏的。"小女孩依然小声地说，"乌鸦受骗心里正难过呢，这个时候一定最需要好朋友的安慰了。"

　　过了一会儿，老师又开始问同学们："你们再想一想，如果乌鸦以后再见到狐狸，会是什么情况呢？"同学们都抢着回答："无论狐狸再怎么夸奖乌鸦，乌鸦都不会再理它。"只有班上最机灵的小男孩回答，"狐狸是狡猾的，肯定不会再用老办法骗乌鸦了。它一定会对乌鸦说，上次我骗了你的肉，我妈妈狠狠地批评了我，让我回来向你道歉。如果你不肯原谅我，我就站在这里不走了。乌鸦见他一脸诚恳，就对他说，你不要担心，我原谅你了。刚说完，嘴里的肉又掉了。狐狸立即又把肉叼到了嘴里。乌鸦哈哈大笑，臭狐狸，你死定了，我在肉里下了药。狐狸连忙把肉吐了出来，以最快的速度奔到小溪边用水漱口。这时乌鸦从树上飞下来把肉叼走了。"听了这段想象力丰富的描述，同学们禁不住鼓起掌来，老师也为孩子的聪明暗暗惊叹。

　　按常理说，这个聪明的小男孩长大后也一定不简单。但是最终的结局却是，很多年之后，当这位老师作为教育界知名人士去监狱做帮教演讲的时候，遇到的服刑人员居然是当年那个绝顶聪明的小男孩。而作为优秀企业家与她同行的则是被全班同学嘲笑的那个小女孩。这位老师开始深深反省，当时怎么没有想到，能去安慰被讽刺被嘲笑乌鸦的小女孩有着多么单纯的爱心！而小小年纪，连狐狸都敢骗的孩子，在如此聪明绝顶的背后又隐藏着多么可怕的东西啊！这孩子生活在怎样的家庭？为什么会有这样狡诈的心计？自己当年怎么就没有想过呢？

很多时候，从表面上看简单单纯的孩子比较没有生存能力。但从另一方面看，身边的一些人却真的是因为简单而优秀的。这并不奇怪，因为聪明并不一定全是成功的最终条件。成功还需要一种力，那就是看起来有些单纯呆傻的钝感力。

在《射雕英雄传》里，郭靖憨厚质朴，傻乎乎的没有什么心机，更没有什么人生技巧和策略。但是，正是这种简单的头脑，使得他心无旁骛地学成了天下最高的武艺——"降龙十八掌"，成为顶天立地的武林高手。与之相比，他的恋人黄蓉，虽然聪明，却没有郭靖那一股执着的傻劲儿，成就远远在他之下。

我们总是习惯于往一些诡秘的方向去猜测成功的秘诀，比如厚黑学，但具有讽刺意味的是，很多人在这条道路上钻了一辈子却并无多大成就。而那些被我们看不起的平常人却那么潇洒地平步青云了。也许只有到了一定的年龄，人们才会明白，在社会中生存的最优法则仍然是那些被我们忽视的，最古老、最简单的道理，比如诚实、勤劳、宽恕、合作……

上帝从不为难简单的人，简单的人会做得更优秀。因为简单的人没有太多复杂的算计，只会多一些实干的行动。大家要多和这样的人交朋友，简单的人往往会把这个世界想象成如童话般纯净明亮。这并不是因为他们不知道世道的艰难险恶，也不是因为他们的思考水平较低，当你和他们进行对话时就会发现，愈是这样的人，愈具有广阔的视野。他们知道，这样的人生态度才可以让这个世界更有利于生存。

多和单纯的人在一起，我们会得到幸福，因为幸福会相互传染。变得简单一些，就会多出一份脚踏实地的专注，多一份成功的回旋余地。毕竟，这个世界最终还是靠实力来说话的。技巧之类的花拳绣腿永远都无法对抗强大的钝感力。

第五节　无限探索，无限创新
——延伸之美

不断变革创新，就会充满青春活力；否则，就可能会变得僵化。

——（德国）歌德

独辟蹊径才能创造出伟大的业绩，在街道上挤来挤去不会有所作为。

——（英国）布莱克

天才的最基本的特性之一是独创性或独立性，其次是它具有的思想的普遍性和深度，最后是这思想与理想对当代历史的影响，天才永远以其创造开拓新的、闻所未闻或无人逆料的现实世界。

——（俄国）别林斯基

这是科技飞速发展、知识日新月异的时代，也是一个充满竞争的时代，一个国家要在竞争中立于不败之地，就需要培养和造就一大批基础扎实、综合素质高、勇于开拓创新的创造型人才。

那么，什么是创新？有人做了这样一个形象的解释：画月亮有两种方法，一种是在一张白纸上画个圆，这是月亮；第二种是用墨将一张白纸涂得只剩下中间一个空白圆，这也是月亮。两种画法，其中后一种就是创新。

从普通平凡、随处可见的事物中发现与众不同的用途，并让其展现出来，这无疑需要独特的眼光、独特的思维以及独特的方法！这种独特就是创新。创新并不神秘和高不可攀。但遗憾的是，现在很多孩子都不具备开拓创新的能力。

美籍华人诺贝尔物理奖得主朱棣文曾一针见血地指出："中国学生

学习很刻苦，书面成绩很好，但动手能力差，创新精神明显不足，这是与美国学生的主要差距。"这是客观存在的，中国孩子同美国孩子比考试，中国孩子总是第一，但要比发明创造，中国孩子明显不如美国孩子。因此，有人说："评价一个国家的教育先进与否，不是看学生的考分，而是看学生的创新思想与创新能力。"

孩子是国家的未来，国家需要的是创新型人才，所以父母要特别注意培养孩子的创新能力，要培养孩子的兴趣，放飞孩子的想象力，点燃孩子的创造力。让孩子具备创新能力是时代的需要。

创新是人生驰骋的原动力

一个小小的创新，往往会引起意想不到的效果。世界上没有一成不变的法则，要敢于创新，这样才能取得满意的效果。所以，想要创新，就一定不要被常识左右，因为常识是经验性的，而创新是尝试性的。有人这样总结创新与常识的关系：相对创新来说，常识往往是靠不住的。反过来说，如果一种创新完全符合常识，很可能它就不是创新。

创新能够产生价值。据统计，美国、日本等发达国家的物质财富，70%～80%来源于科技创新。对大多数人来说，创新仍是陌生而神秘的，似乎它只是少数天才的专利。其实，创新的大小、内容和形式可以各不相同。特别是现代社会，创新已不仅是科学家、发明家在实验室里的工作，它已经深入到普通人的生活、工作和学习中。只要有足够的信心，勤于思考，就能在生活和工作的各个方面随时随地迸发出创新的火花。

创新可以创造特别巨大的价值。举例来说，互联网本身就是创新的产物，有人认为，互联网可能是20世纪最重要的发明。尽管互联网通过创新产生了，但是在相当长的一段时间里，互联网都是一个赔钱的东西，因为人们不知道怎么从互联网上赚钱。

面对这种情况，有一个人却用"涂黑留白"的方式在互联网上画了一个大大的"月亮"，因为他把书店开到了互联网上，他就是杰夫·贝索斯，他的书店叫亚马逊。很快，亚马逊的市值超过了上百年的老牌报纸《纽约时报》，而当时，亚马逊每天都在赔钱。1999年，贝索斯成为《时代》年度风云人物，并引来很大争议。因为每个人都知道，贝索斯在创新，但很少有人相信，他的创新真的会产生商业利益。当然，今天人们已经不再怀疑。

在互联网上画"月亮"的还有一个例子——GOOGLE。1998 年，拉里·佩奇和谢尔盖·布林打算做一个更好的搜索引擎。那时候市场上已经有很多搜索引擎，没有一家能赚到钱的，以至于所有人都认为，搜索引擎只是互联网的一种附属应用，它自身无法产生价值。可是今天，GOOGLE 成了全球搜索引擎的霸主，创新给 GOOGLE 创造了巨大的价值。

创新是人生驰骋的动力源，时代需要孩子具有创新能力。只有创新才能"救活"孩子的异常思维和才智，从而激活他全身的能量。瑞士著名教育家皮亚杰也指出："教育的首要目标在于培养有能力创新的人，而不是重复前人所做的事情。"

探索创新的方法

青少年是祖国的未来，对青少年创新能力的培养是每个人都必须用心关注的问题。青少年创新能力的培养就是其强大的领悟能力的培养。学习不但是继承的过程，更是不断创新的过程。时代发展需要青少年必须具备创新知识，必须与时俱进，否则，必然被社会淘汰。那么，应该怎样培养青少年开拓创新的能力呢？

方法一：学会创新思维

培养开拓创新的能力，首先应该培养善于思考的品质，并让自身学会把握正确的思维方式，学会创新思维。创新思维指的是开拓、认识新领域的一种思维，是在已有的经验基础上，从某些事实中更进一步地找出新点子、寻求新答案的思维。

心理学家做了一个实验：在一张白纸上用墨水滴一个黑点，问成年人这是什么？答案几乎是一样的：一个黑点。问幼儿园的小朋友，有的说这是一只断了尾巴的蝌蚪，有的说是一只压扁的臭虫，有的说是一顶帽子，还有的说是一粒黑芝麻，答案非常多。这说明创造性思维是孩子的天性，但是遗憾的是，由于成人思维定式的影响，孩子的这种天性等不到长大就慢慢消失了。

相传，古代巧匠鲁班因手指被齿叶草划破而产生了灵感，就异想天开地进行创新实践，发明了锯。其实，在鲁班之前有成千上万的木匠，可为什么他们没有发明出类似锯那样的工具呢？原因是缺乏创新思维。

要培养自身的创新思维，因为创新思维是培养创新能力的有效途径。所以，要多角度思考问题，解决问题，用对称、辨证、类比、极限、发散等思想启迪智慧，有意识地培养自身的创新能力。

方法二：敢于大胆尝试

有专家指出，尝试与创新是紧密联系在一起的。没有尝试，永远不会有创新，创新是在不断的尝试中获得的。创新源于尝试，同时又高于尝试。所以，在某种意义上，一个人的创新能力是由他敢于进行大胆尝试的程度决定的。

所以，要敢于大胆尝试。实践出真知，自己动手，这有助于培养自身的创新能力。如果不敢越雷池一步，就永远也不能跳出条条框框的制约。

青少年一定要懂得，要想有所发现，就需要大胆进行各种尝试，虽然这些尝试大多会以失败告终，但是要不断总结教训，在总结的过程中，就会找到全新的方法，这就是创新。

方法三：注意培养自身的兴趣

兴趣使人集中注意，产生愉快、紧张的心理状态，对认识过程产生积极的影响。兴趣是人们从事活动的强大动力。

可以说，兴趣是激发一个人创造力的发动机，是引起和保持注意的重要因素，也是开发一个人智力的钥匙，兴趣对人的智力发展起促进作用。要培养自身的兴趣，因为我们对某件事物有了浓厚的兴趣时，就会主动运用各种感官去看、去听、动口说、动脑想、动手操作，积极探索，自身的兴趣越浓，就越能充分调动其创造性思维的活动，从而为创新创造机会和可能。

方法四：敢于破旧立新

不要被传统的观念、理论以及表象左右、迷惑，要敢于在思想观念和行动上突破，要有勇气去破旧立新，突破前人的束缚，突破习惯这张网。

中国发现石油就是不迷信传统的地质理论的创新发现。根据传统的地质理论，中国被认为是一个贫油国家，所以只开发了玉门、克拉玛依等几个小油田，1949年全年的石油产量仅12万吨。因为传统的地质理论认为，大油田一般都深藏在海相地层，而中国大部分是陆相地层，因而不可能有储量大的油田。

但是，我国杰出的地质学家李四光不迷信传统的理论，他根据自己多年来的地质实践和前人的经验教训，深入思考，反复研究，运用我国独创的地质力学方法，对地壳运动和油气聚集规律进行了深入研究。

最终，李四光揭示了中国东部新华夏构造体系的三个沉降地带具有广泛的含油前景。经过勘察、钻探，相继发现了大庆油田、大港油田、胜利油田、中原油田、江汉油田等大型油田，从而推翻了中国贫油的观点。1963年，中国真正实现了石油自给，从此结束了依赖"洋油"的历史，终于摘掉了"贫油国"的帽子。

正所谓"有突破才有创新"。所以，我们平时一定注意鼓励自己敢于破旧立新。另外，当自己有新发现时，也一定要给予鼓励，这样不仅会有被认可的感觉，也会有成就感，这种感觉有助于自身继续进一步新的发现，从而向创新能力又迈进了一步。

第 **7** 章

态度决定高度——美的心态

美国西点军校有一句名言是："态度决定一切。"没有什么事情做不好，关键是你的态度问题，事情还没有开始做的时候，你就认为它不可能成功，那它当然也不会成功，或者你在做事情的时候不认真，那么事情也不会有好的结果。没错，一切归结为态度，你对事情付出了多少，你对事情采取什么样的态度，就会有什么样的结果。

第一节　华丽热情，青春活泼
——热情之美

俗话说"热情似火"，做人就应该有火一般的火热和热情。美国管理思想家爱默生曾经说过："缺乏热诚，最终难成大事。"拿破仑·希尔也认为，热情是一种意识形态，能够鼓舞及激励一个人对手中的工作采取积极的行动。

热情的力量融化一切

有位商界成功人士这样说过："热忱是优秀的推销员最重要的品质，握手时要让对方感到你真的很高兴与他见面。"的确，顾客喜欢热情的推销员，美国有许多商业大亨都是从最底层的推销员做起的，他们的这句话可以说是来自实践，不是空口无凭。

把热情和工作混合在一起，那么，工作将不会显得很辛苦或单调。热情会使你的整个身体充满活力，使我们只需在睡眠时间不到平时一半的情况下，工作量达到平时的 2 倍或 3 倍，而且不会觉得疲倦。拿破仑·希尔对此有独到的体会。

多年来，拿破仑·希尔的写作大都在晚上进行。有一天晚上，当拿破仑·希尔正专注地敲打打字机时，偶尔从书房窗户望出去——他的住处正好是纽约市大都会高塔广场的对面——看到了似乎是最怪的月亮倒影，反射在大都会高塔上。那是一种灰色的影子，是他从来没见过的。再仔细观察一遍，拿破仑·希尔发现，那是清晨太阳的倒影，而不是月亮的影子。原来已经天亮了。他工作了一整夜，但太专心于自己的工作，使得一夜仿佛只是一个小时，一眨眼就过去了。除了期间停下来吃点食物外，未曾停下来休息。

正是对手中的工作充满热忱，从而使身体获得了充分的精力，拿破仑·希尔连续工作一天两夜，也丝毫不觉得疲倦。

热忱并不是一个空洞的名词，它是一种重要的力量，你可以予以利用，使自己获得好处。没有了它，你就像一个没有电的电池。

热忱是人生最好的补品，人们可以利用它来补充身体的精力，并发展出一种坚强的个性。有些人很幸运地天生即拥有热忱，其他人都必须努力才能获得。发展热忱的过程十分简单。首先从事自己喜欢的工作，或提供自己喜欢的服务。如果因情况特殊，目前无法从事自己最喜欢的工作，那么，也可以选择另一种十分有效的方法，那就是，把将来要从事最喜欢的这项工作，当作自己的明确目标。

要是我们没有能力，却有热情，我们还是可以使有才能的人聚集到我们身边来。假如我们有资金或设备，若我们有热情说服别人，还是会有人回应我们的梦想的。费奥莉娜的热情团聚了周围的一大批人精心于自己的工作，正是这种热情支持着她伟大的管理事业。

热情就是成功和成就的源泉，就是生命力，追求成功的热忱和热情愈强，成功的概率就越大。热情是一种状态——如果一个人24小时不断思考一件事，甚至在睡梦中仍念念不忘。事实上，一天24小时意识清楚地思考是不可能的。然而，有这种专注却很重要。如果他真这么做，他的欲望就会进到潜意识中，使他或醒或睡都能集中心态。

热情可使人释放出潜意识的巨大力量，在认知的层次，一般人是无法和天才竞争的。然而，大多数的心理学家都同意，潜意识的力量要比有意识的大得多。一家小公司不可能梦想很快就招募到一批奇才。但是，我们相信，如果发展潜意识的力量，即使普通人也能创造出奇迹。

真正的热忱常能带来成功。但如果热忱是出于贪婪或自私，成功也就如昙花一现。如果我们对正义毫无感觉，凡事都以自己为出发点，同样的热忱也许一开始会让我们尝到成功的甜头，最后还是不免倒下。

稻盛和夫在招聘和提拔技术人员时，不像日本大多数企业那样千方百计、不惜血本地争夺"东京大学"等名牌大学的高才生，而是独辟蹊径地大量招聘二流技术学校的货真价实的"高才生"。因为，他坚信："我不去选能力最强的人，而是着力于招聘精神素质最好的人。这是因为，能力超强的人虽聪颖过人却极易自高自大，久而久之必定失去开拓进取的个性和无私奉献的精神；而精神素质超凡的人虽能力有所欠缺，却有无限的热情和干劲儿，只要给他们机会和舞台，他们就会工作得很出色。"

热情会给人带来活力，充满希望。成功的人之所以能获得成功，是因为她首先对自己的事业的热爱。只有对自己的事业充满热情，才能做得好，才能取得成功。多数成功人士都认为，有热情，才会有激情，才会成功，他们的成功多半是这样的。

热情是成功的必要条件

"十分钟连锁商店"的创办人查尔斯·华尔渥兹巴曾经说过："只有对工作毫无热忱的人才会到处碰壁。"当然，这并不能一概而论，热情的基础建立在兴趣和个人特长之上，没有兴趣热情就是空谈。譬如一个对音乐毫无才气的人，不论如何热忱和努力，都不可能变成一位音乐界的名家。但凡是具有必需的才气，有着可能实现的目标，并且具有极大热忱的人，做任何事都会有所收获，不论物质上或精神上都是一样。

抛开管理领域，即使那些需要高度技术的专业工作，也需要这种热忱。爱德华·亚皮尔顿，是一位伟大的物理学家，曾协助发明了雷达和无线电报，并且获得了诺贝尔奖。《时代》杂志引用过他一句具有启发性的话：

"我认为，一个人想在科学研究上有所成就，热忱的态度远比专业知识来得重要。"

伟大的科学家亚皮尔顿都这样说了，可见这句话的权威性。如果在科学的研究上热忱都那么重要，那么对普通的职员和商业上的管理者来说，岂不是具有更重要的意义吗？

著名的人寿保险推销员法兰克·派特的一些经历也说明了这个问题。下面是他的叙述：

"当时是 1907 年，我刚转入职业棒球界不久，就得到有生以来最大的打击，我被开除了。我的动作看起来是那么软弱无力，因此球队的经理有意让我走人。他对我说：'你这样慢慢吞吞的，哪像是在球场混了20年。法兰克，离开这里之后，无论你到哪里做任何事，若不提起精神来，你将永远不会有出路。'"

"本来我的月薪是175美元，离开之后，我参加了亚特兰斯克球队，月薪为25美元。薪水这么少，我做事当然没有热情，但我决心努力试一试。等了大约10天以后，一位名叫丁尼·密亨的老队员把我介绍到新凡云。在新凡的第一天，我的一生有了一个重要的转变。"

"因为在那个地方没有人知道我过去的情形，我就决心变成新凡最具热忱的球员。为了实现这点，当然必须采取行动才行。"

"我一上场，就好像全身带电。我强力地投出高速球使接球的人双手都麻木了。记得有一次，我以强烈的热情冲入三垒，那位三垒手吓呆了，一球漏接，我就盗垒成功了。当时气温高达华氏100度。我在球场奔来跑去，极可能中暑而倒下去。"

"这种热忱带来的结果，真令人吃惊，产生了下面的三个作用：

一. 我心中所有的恐惧都消失了，发挥出意想不到的技能。

二. 由于我的热忱，其他的队员也跟着热情起来。

三. 我没有中暑，我在比赛中和比赛后，感到从没有如此健康过。"

"第二天早上，我读报时，兴奋得无以复加，报上说：'那位新加进来的派特，无异是一个霹雳球，全队的人受到他的影响，都充满了活力。他们不但赢了，而且是本季最精彩的一场比赛。'"

"由于热忱的态度，我的月薪由25美元提高为185美元，多了7倍。"

"在之后的两年里，我一直担任三垒手，薪水加到30倍之多，为什么呢？就是因为有一股热忱，没有别的原因。"

后来，派特的手臂受了伤，不得不放弃打棒球。接着，他到菲特比人寿保险公司当保险员，整整一年多没有什么成绩，因此很苦闷。但后来他又变得热忱起来，就像当年打棒球那样。

再后来，他是人寿保险界的大红人。不但有人请他撰稿，还有人请他演讲传授自己的经验。他说："我从事推销已经30年了。我见到许多人，由于对工作抱有热忱的态度，使他们的收入成倍数地增加。我也看到另一些人，由于缺乏热忱而走投无路。我深信唯有热忱的态度，才是成功推销的最重要因素。"

成功学大师拿破仑·希尔认为，热情是一种意识状态，能够鼓舞及激励一个人对工作充满干劲儿。而且不仅如此，它还具有感染力，会使所有和他有过接触的人也受到影响。

热情和人类的关系，就如同是蒸汽和火车头的关系，它是行动的主要推动力。人类最伟大的领袖就是知道怎样鼓舞他的追随者发挥热情。

第二节　美丽文雅，智对人生
——机智之美

智者斗智不斗气

在围棋诸品之中，将"斗力"放在较低的第七品，将"用智"放在中间的第五品。"用智"高于"斗力"。用智，"运筹帷幄，决胜千里，因形用权，无形无体""必用智深算"，是巧妙运用各种智谋以达到自己的目的，而斗力乃"野战之棋也"，光靠蛮力降服对手，是不够的。正所谓"智者用智，匹夫斗力"。做事不能仅靠力气大，而是要谋道深。智慧是使一个人少犯错误的根本。"莽汉"与"智者"的最大区别是：一个用力，一个用谋。用力是解决眼前利害，而用谋则能长远运筹，起到"决胜千里"的作用。除此之外，斗气会使人的眼界变小，从而忘记还有更重要的事、更广大的天地。与人对抗，千万不可激怒，你一怒，就会头脑发热，失去理智，使事情变得不可收拾。

人是一种高级动物，可是人和其他动物的不同点之一便是——人会斗气。其他动物虽然也会相斗，但不会斗气。斗气是人类很自然的反应，可是斗气只能带给人一时的激情与满足，并没有什么积极的结果，甚至可以说，斗气的破坏性大于建设性。原因如下：斗气会使你应追求的目标变得模糊。例如夫妻斗气会妨碍家庭幸福；两人斗气，会荒废事业；两个公司斗气，会互相毁灭；两个国家为斗气而发生战争，会导致民不聊生。为斗气而投入大量的时间、精力和金钱，智者不为。斗气会使人失去理性。气是属于情绪性的，气的存在，使人呈现出感性的一面，但若上升到要斗的程度，则会使人失去应有的理性，而做出错误甚至后悔莫及的决定。

斗气有时是对方采取的一种策略，或许他知道你容易动气，所以故意刺激你，好把你引入歧路，让你因此自我折损；或许他不知道你是不是容易动气，便激一激你，从而探明你的底细。而他的目的，当然也是为了破坏你，或是毁灭你！因为谁被激怒，就易被消灭。一般来说，激怒别人有两种方式：

第一种是在言语上激怒你，譬如讽刺你、笑你、挖苦你，或指桑骂槐、无中生有、含沙射影……

第二种是在工作上惹怒你，譬如故意为难你，左一句"太难配合"，右一句"可行性不高"……

善用计谋的人懂得，请将不如激将。将此法用得出神入化者大概莫过于三国时的诸葛亮，诸葛亮下江东时，曾三激周公瑾，使温文儒雅的周郎暴跳如雷。如果对方有心激怒你，这些动作都会使得不温不火，甚至姿态摆得很低，你明知他是故意的，却拿他一点儿办法都没有。下面我们来看看诸葛孔明是如何智激周瑜的。

当时孔明出使东吴是求救兵的，这一点周瑜心里明白。求人的人低人一等，被求的人总想摆出十足大恩公的姿态。由于这种心理，周瑜就当着孔明的面和鲁肃大谈曹操大军不可阻挡，唯投降才是东吴的出路，急得鲁肃又急又气，脸都争红了。在周、鲁二人争辩时，孔明把两人的心思看得一清二楚，便在一旁袖手冷笑。孔明这一笑，周瑜便得意了："先生何故发笑？"

孔明说："我不笑别人，笑鲁子敬不识时务。"

鲁肃忙问："如何笑我不识时务？"

孔明即说："公瑾决心降曹，甚为合理。"

周瑜也赶紧说："孔明识时务，确实与我同心。"

孔明与周瑜是以诈应诈，却急坏了鲁肃："孔明，你怎么也这样说？"

孔明便也极力渲染曹操的能耐，说："曹操极善用兵，天下无敌……周将军决心降曹，可保全妻子，享有富贵，至于名声事业不过听天由命罢了，那又算什么呢？"

这里孔明吹嘘曹操与周郎抬举曹操的作用就不同了。前者抬曹操是迫使孔明更低三下四求自己，孔明说曹操厉害则是敲打周郎年轻气盛的自尊心。这是一激周公瑾。

孔明这一激周瑜未动容，鲁肃却愤怒了："你竟敢要我主屈膝受辱于曹贼前？"气氛已比以前紧张了。

孔明继续按周瑜的思路往下说："投降好，不动刀兵，不害百姓。其实据我所知，曹操远道而来其实不过是为了江东二女。"

一说二女，周瑜也被吸引了，原来要人求自己的心理丢到一边，竟十分急切地问此二女是谁。孔明便背出曹植《铜雀台赋》，并把"二桥"巧妙地改为"二乔"："从明后以嬉游兮，登层台以娱情……揽二乔于东南兮，乐朝夕之与共……""二乔"是江东的两位美女，大乔是孙策的妻子，小乔是周郎的夫人，如此，周郎再好的修养也受不了。他便立即跳了起来，大骂曹操，并誓死抗战到底。至此孔明仍装作什么都不知道，仍然顺着周瑜开始说的投降主张劝说周郎，并举出汉代派公主和亲的故事，鼓励周郎，还说两个民女算什么，这样，逼得周郎说出全部真相。至此，孔明三激周公瑾大功告成。激将法的作用是化被动为主动。能达到这种效果，激将法就成功了，要办的事必如愿以偿。

生活中，我们要以此为鉴，千万不可被对方激怒，你一怒，大家都会看着你而不看着他，大家只看到你丧失理性的怒火，而没看到他的伎俩，于是，本来你是无辜的，怒火一烧，你也变成理亏了！如果你不易控制自己的情绪，怒火可能让你说了很多不该说的话，做了很多不该做的事，也给了别人很多把柄，他分毫未损，而你却遍体鳞伤，甚至从此一蹶不振！所以，不管在什么情况下，千万不要被对方激怒；不要去理会对方的言语，若要反驳，也要笑着反驳，轻柔地说明；对方在工作上的为难，也要平心静气地，一而再、再而三地请求，或央求同事朋友帮忙，对方姿态低，你的态度要更低。有老僧入定的心境，那些激怒你的语言动作自然会消失于无形。而且，以后再也不会有人来激怒你。当然，为什么会有人来激怒你，这一点你也有必要仔细考虑，对运用激将法一方来说，应当注意，感情、尊严，是激将法的心理基础。

学会以智取胜

一位搏击高手参加锦标赛，自以为稳操胜券，一定可以夺得冠军。出乎意料，在最后的决赛中，他遇到一个实力相当的对手，双方竭尽全力出招攻击。打到中途，搏击高手意识到，自己竟然找不到对方招式中的破绽，而对方的攻击却往往能够突破自己防守中的漏洞，有选择地打中自己。比赛的结果可想而知，搏击高手惨败在对方手下，也失去了冠军的奖杯。

他愤愤不平地找到自己的师父，一招一式地将对方和他搏击的过程再次演练给师父看，并请求师父帮他找出对方招式中的破绽。他决心根据这些破绽，苦练出足以攻克对方的新招，决心在下次比赛时，打倒对方，夺回冠军的奖杯。师父笑而不语，在地上画了一道线，要他在不能擦掉这道线的情况下，设法让这条线变短。

搏击高手百思不得其解，怎么会有像师父所说的办法，能使地上的线变短呢？最后，他无可奈何地放弃了思考，转向师父请教。

师父在原先那道线的旁边，又画了一道更长的线。两者相比较，原先的那道线，看来变短了许多。

师父开口道："夺得冠军的关键，不仅仅在于如何攻击对方的弱点，正如地上的长短线一样，如果你不能在要求的情况下使这条线变短，你就要懂得放弃在这条线上做文章，寻找另一条更长的线。

那就是只有你自己变得更强，对方就如原先的那道线一样，也就在相比之下变得较短了。如何使自己更强，才是你需要苦练的根本。"徒弟恍然大悟。

师父笑道："搏击要用脑，要学会选择，攻击其弱点，同时要懂得放弃，不跟对方硬拼，以自己之强攻其弱，你就是冠军。"

"魔高一尺，道高一丈。"学会选择攻击对手的薄弱环节，学会斗智，正如故事中的那位搏击高手，欲找出对方的破绽，给予致命的一击，用最直接、最锐利的技术或技巧，快速解决问题。另一条路是斗志。懂得放弃，不跟对方硬拼，全面增强自身实力，画出一条更长的线。就是故事中那位师父所提供的方法，注重在人格、知识、智慧、实力上使自己加倍地成长，变得更加成熟，变得更加强大，以己之强攻彼之弱，许多问题便不治而愈，迎刃而解。

不要逞一时之气

智者之所以是智者，不仅在于他的才智过人，更在于他的度量和策略。他不与小人一般见识，不逞一时之气。比如说有人骂某个人，被骂者一般都会血脉贲张，愤然回骂，其实这是一种下策，逞了一时之快，结果却往往适得其反。而有才智的人，则会以气度和策略，不战而屈人之兵。一次会议上，主办单位中的一个人和会中的一位来宾有过过节。当这位来宾发言时，当着二三十位来宾的面，把那个人骂了一顿，扯了很多旧账，而且用词尖刻。人们都很担心场面失控，但被骂的那个人却一点表情也没有，一句话都不回，结果骂人的慢慢骂不下去，匆匆收拾起桌上的文件走了。姑且不论他们两人的是非恩怨，倒是应该佩服被骂的那个人的气度，换成别人，早就拍桌子挥拳也说不定。其实，沉默是对付指责谩骂的最好方法，为什么呢？

第一，打架要有对手才能"打"，对方还手，才能越打越起劲儿，若对方不还手，这个架就打不下去了。吵架也是如此，人若不还口，对方也会骂不下去。

第二，你若不还口，对方气势会越来越弱，此时会出现几个状况，一是草草收场；二是下不了台，脸红脖子粗地硬撑场面，最后气急败坏地鸣金收兵。

第三，不管你有理还是无理，骂不还口，都可以"塑造"你的"弱者"姿态，引发旁人的同情；当然，相对的会引发旁人对骂人者的不以为然。

有个政治家常使用这个方法——当有人骂他时，他先是沉默，当对方骂完时，他则笑着说："对不起，你刚刚说的我没听清楚，可不可以请你再说一遍？"

对方会不会再骂他一遍？看来是不可能的，因为他骂完，气势已经下降，不可能在刹那之间重新处于既高且壮的状态，而且人家不吭声地让你骂，再这么一说，哪有脸有理再骂人一次？

能够做到骂不还口，气定神闲，说成是英雄气概也不为过。这不仅反映出他内心所拥有的真正昂扬的志气，还显示出他的镇定和大度，心中不存争强斗胜傲气逼人的狭隘思想。"老虎吃鸡，不是山中王"，这也不失为一种大将风度。

围棋不是一种逞强好胜的竞技，明人许仲治在《石室仙机》中有过这样的解释：五品用智，是指"受饶三子，未能通幽，战则用智以到其功"，这算中中的水平。七品斗力，是指："受饶五子，动则必战，与敌相抗，不用其智而专斗力"，这算下上的水平。这也是"用智"高于"斗力"的原因。

明代刘基曾经举了一个生动的例子：老虎的蛮力与人比较的话，超过的绝不只是一倍两倍，而且，老虎还有人类所没有的尖利爪牙。如此，老虎吃人就应该没有可奇怪的了。虽然一般人谈虎色变，可是老虎吃人的事并不多见，倒是老虎常常被人类用来制成各种各样的用品。为什么会这样呢？刘基说原因在于：虎用力，人用智，虎自用其爪牙，而人用物。故力之用一，而智之用百。爪牙之用各一，而物之用百，以一敌百，虽猛不必胜，故人之为虎食者，有智与物而不用也。智慧是勇气的翅膀，有勇无谋，是匹夫之勇，是鲁莽之勇，不足成事。只有智勇合一，有胆有识，方能笑傲群雄。我们在处世的时候也应该多"用智"，少"斗力"。

第三节　追求完美，魅力无限
——完美之美

把工作做到尽善尽美

衡量一个人工作是否做到位的一个非常行之有效的方法，就是看这个人在工作过程中是否追求完美。"优良品"与"次品"之间，相差也许仅仅是一个小小的缺陷。不管在大的方面多么成功，一旦存在细节上的漏洞，就可能使所有的工作前功尽弃。所以，工作做到位的表现就是把工作做到尽善尽美。

> 小刘和小吴是一家大型跨国公司里的两名优秀职员，在对待工作上，都能够尽职尽责。但是，他们两个人的差别就在于，小刘认为自己尽职尽责地完成了自己岗位上的工作后，便觉得自己的工作已经努力到家了，而小吴则要求自己在尽职尽责之外，还要力争把工作做到尽善尽美。三年后，小吴成了这家公司的副总经理，而小刘还只是一名业务主管。

拿员工来说，无论从事什么工作，都要全力以赴，追求完美，能做到这一点，才不会为自己的前途操心。

永远不要说"我已经做得够好的了！"

一个人成功与否在于他是否做什么都追求完美、力求最好。成功者无论从事什么工作，都不会轻率疏忽，满足现状。相反，他会在工作中以最高的规格要求自己，能做到最好，就必须做到最好。对老板来说，这样的员工才是最有价值的员工。

但在现实中，一些满足于现状的员工在接受任务时，习惯说："要求太高了！"即使是力所能及的事情，他们也可能这么叫嚷，他们希望要求越低越好。

当任务完成得不理想时，他们又习惯说"已经做得够好的了"。

工作上追求完美应该是永无止境的，习惯于说"已经做得够好的了"的人，他的职业前景不会很乐观，主要的原因有以下几个方面：

第一， 老板会认为你不求上进；

第二， 老板会认为你是一个缺乏责任心的人；

第三， 老板一旦发现你工作中有问题，就会觉得你在敷衍他、甚至欺骗他。

即使你真的觉得做得不错了，也不要宣称做得够好的了。与其说"我已经做得够好的了"，还不如说"我做得还不够完美"。

一个美国的著名作家曾这样说道："劳动可以促进人们思考。一个人不管从事哪种职业，他都应该尽职尽责，尽自己的最大努力取得不断进步，永远别说'已经做得够好的了'。只有这样，才能取得更大的成就。"

有一个刚刚进入公司的年轻人，自认为专业能力很强，对待工作十分随意。有一天，他的上司交给他一项任务——为一家知名的企业做一个广告宣传方案。

这个年轻人自以为才华横溢，用了一天的时间就把这个方案做完了，交给上司。他的上司一看不行，又让他重新起草了一份。结果，他又用了两天时间，重新起草了一份，上司看了之后，虽然觉得不是特别完美，也还能用，就把它呈报给了老板。

第二天，老板让年轻人的上司把他叫进了自己的办公室。问他："这是你能做的最好的方案吗？"年轻人一怔，没敢回。

"嗯……"年轻人犹疑地回答："我相信再做些改进的话，一定会更好。"

老板立刻把那个方案退还给了他，年轻人什么也没说，拿起了方案，折回了自己的办公室。

然后，他调整了一下自己的情绪，又修改了一遍，重新交给了老板。老板还是那一句话："这是你能做的最好的方案吗？"年轻人心中还是忐忑不安，不敢给予一个肯定的答复。于是，老板还是让他拿回去重新斟酌，认真修改。

这一次，他回到办公室里，费尽心思，苦思冥想了一个星期，彻底地修改完后交了上去。老板看着他的眼睛，依然问的是那一句话："这是你能做的最好的方案吗？"

年轻人信心百倍地回答说："是的，我认为这是最好的方案。"

老板说："好！这个方案批准通过。"

老板并没有直接告诉年轻人应该做什么，而是通过这种严格的要求来训练自己的下属工作必须做到完美。

有了这一次的工作经历之后，年轻人明白了一个道理：只有持续不断地改进，工作才能做好。只有尽职尽责地工作，才能把工作做得尽善尽美。从此以后，在工作中年轻人经常自问："这是我能做得最好的方案吗？"然后再不断进行改善，结果，他变得越来越出色，受到了上司和老板的器重。

其实一个人只要很用心地去完成一件事情，就一定可以做得更好。那些平庸的人之所以无法创造出惊人的成就，就是因为他们以为自己做得已经足够好了，实际上并不是这样。你真的已经把事情做得尽善尽美了吗？你真的已经发挥了自己最大的潜能了吗？

曾经有一位推销员从一个培训师那里听到过这样一句话："每个人都有超出自己想象10倍以上的力量，只要你努力去做，就会做得更好。"在这句话的激励之下，他决定提升自己的销售业绩。

他制定了更大的行动目标，并在每一天里去落实和实践。比如，按计划走访大客户，增加每天访问的次数，争取更多的订单等。两个月后，他发现自己现在的业绩已经比过去增加了两倍。一年后，他更加坚信"只要努力去做，就会做得更好"，并将这句话作为自己的座右铭。数年之后，他已经拥有了自己的公司，在更大的舞台上检验这句话。

人们往往拥有自己都难以估计的巨大潜能。如果每一个人做每一件事都抱着追求完美的态度，那么他的潜能就能够最大限度地发挥出来。

不断追求完美的工作表现

"不断追求完美的工作表现"——这是老托马斯·沃森在 1914 年创办 IBM 公司时，为公司的所有员工，包括管理层的人，设立的"行为准则"。这个"行为准则"被其受益者称为"沃森哲学"。

"不断追求完美的工作表现"，IBM 公司希望所有的人对任何事情都以追求最理想状态的观念去对待，无论是产品质量，还是服务品质，都要永远追求完美无缺。老托马斯·沃森经常告诫自己的员工："在工作中追求完美，就算没有做到也会比按照一般的标准做到要好得多。"

小托马斯·沃森对于 IBM 公司的这一行为准则也曾表示说："这个信念能够如变魔术一般引起人们对尽善尽美的狂热追求，当然，一个求全责备的完美主义者，几乎不可能成为一个让人感到舒服的人；一个要求人们达到完美的环境，也不会是一个舒适安逸的'乐居'。但是，追求完美的工作表现，一直是我们不断发展进步的一种驱动力。"

"追求完美"，今天已经成为许多公司的工作准则。其实它更应是我们为人处世的一种态度，一种精神，一种境界。

在很多企业里，一些人往往不肯把事情做得尽善尽美，只用"还好""足够了"来衡量。结果，因为没有把"地基"打牢，计划中的各项细节没有安排妥当，不是做到半途便停了下来，就是工作秩序陷入混乱。没多久，整个计划便像一栋不结实的房屋一样轰然倒塌。这种敷衍了事的态度及粗陋的工作作风，终究是一事无成。

工作是要用生命去做的事情。如果只是以做到"差不多"为标准，那就永远不会成功。可见，追求尽善尽美，把工作做到完美，对每个员工和管理者都十分重要。

在这个精细化管理的时代，尽善尽美是很多企业追求的目标。从这个意义上讲，将工作做得越到位、越完美，企业就越容易脱颖而出。

在一家世界 500 强的公司大楼里雕刻着这样一句话："在此，一切都追求尽善尽美"。

这句话应该成为我们每个人恪守一生的格言，应该成为我们每一个人做任何一项工作的态度。如果每个人都能牢记这一格言，实践这一格言，决心无论做任何事情，都竭尽全力，用心去做，以求得尽善尽美的结果，那么，每一个人的成功将会是一件再容易不过的事情。

追求尽善尽美，把工作做完美是每个人的梦想，但是要做到完美却不容易，那么，如何在工作中做到完美呢？一位企业管理专家给了我们以下建议：

◆给自己制定一个高于他人的标准。

如果满足于目前的成绩，按照目前的标准要求自己，那么，想要超越自我，实现完美，是永远不可能的。我们要学会给自己制定一个高于他人的标准，并且朝着这个标准去努力，即使最后达不到这个标准，我们的成绩也会有很大的提升。

◆从自己做起，从现在做起，从一点一滴做起。

要在每一天的工作中告诫自己：一定要让今天的工作做得比昨天更好，一定要让团队的业绩做得比以前更好，一定要让公司的效益一年比一年更好。唯有如此，才能超越平庸，获得发展。

◆要有刻苦敬业、不达目的不罢休的精神及过人的精力。

成功人士有自信但绝对不自满，他们不管做什么事情，必然都会全力以赴，能做到 100 分决不只做 99 分。那些能把自己的工作做到最好的员工往往是具有工作激情的员工，正如歌德所说："把工作做到最好和负责到底，没有激情绝对是不可想象的。"具有工作激情的员工一定是自信而快乐的成功者。

◆具有超越自己、拒绝平庸的工作精神。

我们要有突破传统、尝试新事物和解决困难的勇气，还要有承受压力的胆识。

◆要全心全意、尽职尽责地做好自己的工作。

努力才有收获，奋斗才有成绩。只有经历艰难困苦，才能取得世界上最大的幸福，摘取最丰硕的果实。因此，对普通员工来说，只有全心全意、全力以赴地做好自己的工作，才能既为公司创造利润，又为自己的发展奠定基础，从而获得双赢的结果。

能做到 100%，就绝不只做到 99%

对一件事情，我们本有着把它做到 100% 的能力，可大多数时候，我们却只做到了 99%，这究竟是为什么呢？

《把工作做到最好》一书是这样分析和阐述的：首先要研究一下我们工作的目的问题。我门中的大多数工作者，其工作目的，无非是以下几种：

一是以完成任务为首要目的；

二是以不受责罚为最终目标；

三是以受到表扬和重用为额外收益。

这三种想法，是相辅相成，且逐步推进的。工作派发下来了，人们常规的思维往往是这样的——一定要完成任务，千万不要出什么差错才好，要是这个任务完成后老板能给我加薪升职就更好了！

在这其中，却鲜有人会这样想：我要做到最好，我要将我全部的才智与能力汇集于此项工作之中，工作的 100% 成功是我个人 100% 的成功。

想法不同，结果必然就不同。以完成目的为目标，就会将目光聚焦在"完成"两字之上，完成的质量如何、效果如何，皆不在考虑之内；以不受到责罚为目的，就会更多采取投机取巧的方法，彰显自己的功绩、逃避应有的责任；而以受到表扬和重用为额外目的，则更是不靠谱的，"额外"就意味着可有可无，如果需要花费更多精力就势必要割舍。

而持有最后一种想法的人，视工作的成功为自己的成功，把将工作做到最好作为自己的最终奋斗目标。他们在负责每一项工作的时候，会全力以赴、精益求精，在为企业创造更高价值的同时，自己的能力也得到了很大的提升。

同样身为工作者，你想让自己成为一个平庸者、毫无建树者，还是成为一名成功者、杰出者呢？

如果优秀是你的奋斗目标，如果前程似锦是你的不懈追求，那么，在你的头脑中就一定要树立这样一种严于律己的思想——能做到 100%，就绝不只做到 99%！

为了发展海尔整体卫浴设施的生产，1997 年 8 月，33 岁的魏小娥被派往日本，学习掌握世界先进的整体卫生间生产技术。在学习期间，魏小娥注意到，日本人试模期的废品率一般都在 30% ～ 60%，设备调试正常后，废品率为 2%。

　　"为什么不把合格率提高到 100% 呢？"魏小娥问日本的技术人员。

　　"100%？你觉得可能吗？"日本人反问。

　　从对话中，魏小娥意识到，不是日本人能力不行，而是思想上的桎梏使他们停滞于 2%。作为一个海尔人，海尔和魏小娥的标准就是 100%。在她的心目中，能做到 100%，就绝不只做到 99%。于是她利用每一分钟，拼命地学习。几个月后，她带着赶超日本人的信念和先进的技术知识回到了海尔。

　　时隔半年，日本模具专家宫川先生来华访问见到了"徒弟"魏小娥，她此时已是海尔集团卫浴分厂的厂长。面对着一尘不染的生产现场、操作熟练的员工和 100% 合格的产品，宫川先生惊呆了，反过来向徒弟请教其中的奥秘。

　　"这里有几个技术问题，我曾绞尽脑汁地想办法解决，但最终还是没有成功，你是怎么解决的呢？日本工厂卫浴生产的现场过于脏乱，我们一直想改进得更好，但难度实在太大了，效果总是不理想，你们是怎样做到现场清洁的呢？100% 的合格率是我们连想都不敢想的，对我们来说，2% 的废品率、5% 的不良品率已经是非常合乎标准了，你们又是怎样把产品合格率提高到 100% 的呢？"

　　"用心。"魏小娥简单的回答又让宫川先生大吃了一惊。用心，这看似简单，其实很不简单。

　　原来，从日本学习归国之后，魏小娥将主要精力放在抓卫浴分厂的模具质量工作上。无论是工作日还是节假日，她紧绷的神经从未放松过。在一次试模的前一天，魏小娥在原料中发现了一根头发，这无疑是操作工人在工作时无意间落入的。不要小看这一根头发丝，它实际就是隐藏的定时炸弹，万一混进原料中就会出现废品。魏小娥马上给操作工统一制作了白衣、白帽，并要求大家统一剪短发。

这样又一个可能出现 2% 废品的因素被消灭在了萌芽之中。

100% 的责任得到了 100% 的落实，这样 2% 的废品可能就被杜绝了。可是，不管是在试模期间，还是设备调试正常后，100% 这个被日本人认为是"不可能"的产品合格率，让魏小娥做到了。

在工作中，如果我们能够像魏小娥那样，以"能做到 100%，就绝不只做到 99%"的精神去做，也一定能成为第二个"魏小娥"。只要用心去做，我们也可以做得更好！

其实，每一项工作，我们都有将其做到最好的可能。只是在没有人监督的情况下，我们往往会以最低标准为目标，放松对自己的严格要求。企业或公司中常见的为迎接检查而工作、完成上级的命令而工作，就是此道理的一种直接体现。

国内某房地产公司的老总曾回忆到："1987 年，一个与我们公司合作的外资公司的工程师，为了拍项目的全景，本来在楼上就可以拍到，但他硬是徒步走了两公里爬到一座山上，连周围的景观都拍得很到位。当时我问他为什么要这么做，他只回答了一句：'回去董事会成员会向我提问，我要把这整个项目的情况告诉他们才算完成任务，不然就是工作没做到位。'"

这位工程师的个人信条就是："我要做的事情，不会让任何人操心。任何事情，只有做到 100% 才是合格，99% 都是不合格。"

这样的工作信条，值得我们每一个工作者深深思索。要想把事情做到最好，我们心目中必须有一个很高的标准，不能是一般的标准。

成功者与失败者的差距往往就在于，是不是做什么都能力求做到最好——比他人更完美、更快、更准确、更专注。更为重要的是，成功者还需要时刻在心中明确：这不是企业的要求，更不是领导的要求，而是自己对自己的一种鞭策与激励。

因此，要想把事情做到最好、要想成为超越寻常的优秀者，我们心目中必须有一个很高的标准，而不能是一般的标准。这个标准就是——能做到 100%，就绝不只完成 99%。

第四节　雷厉风行，处事冷静
——果断之美

　　有一位学者说过：分析问题要冷静，判断问题要准确，处理问题要果断。每个人都有感情，感情是人类独有的一种思维，既纯真又复杂，既浅薄又深厚。它像一只无形的手，不时地左右着你处理各种事情。然而，一个真正有理智的人是不会轻易地让感情控制住自己的思维的，他在处理事情的时候绝不会感情用事、盲目做事；与之相反，他会冷静面对，用一颗平常心做出果断的决定。

　　人是一个有感情的动物，但感情的表现并不是体现在感情用事上，如果那样的话，许多事情你将后悔莫及。所以，我们不管遇到怎样重大的事情，一定要冷静，切记不可感情用事。而遇事欠冷静的人大多是因为感情用事。其实，遇事冷静地考虑一下，也许会找到更好的解决办法。比如，当你的朋友因为某个问题与你争吵起来，也许你很有理由，而你的朋友不讲理，且与你步步相逼，这时你很可能压抑不住自己，想动手。但冷静地想一想，如果这时你控制住自己的感情，强制自己冷静一下，或是暂时避开一会儿，等对方也平静下来，再与他讲道理，那么你既不会失去这个朋友，又可以表现出你的大度。可是，假如你控制不住自己，对朋友大打出手，失去朋友不说，还可能会酿成恶果，得不偿失。

　　当然，遇事要冷静，并不是说做事要优柔寡断，毫不果断。遇事冷静只是做事前的准备而已，而且冷静需要的时间并不长，可能只是几分钟或几秒钟的时间，但这短短的几分钟或几秒钟可能会帮助你更好地解决问题。换句话说，经常进行理智地思考，遇事冷静，不但不会延误时机，反而会培养你的果断力，在紧急关头、关键时刻能够当机立断，正确地处理问题。

处事要冷静

做人就要做事，生活中没有一个人是不做事的。有人会做事，有的人不会做事；有的人能做大事，有的人只能做小事；有的人能做困难的、别人不能做的事，有的人只能做简单的、容易的事；有的人做事要很多人一起才能完成，有的人做事自己就能独自承担。总之，把握做事的关键就是要冷静。

有进取心的日子，就有希望的生活，就有快乐的生活，即便有再多的事情，你也会感觉很快乐！而一个人做事时，也不应太过于急躁，这样事情不但做不好，可能还会起到相反的结果！曾有一位朋友，因为早上起得晚了些，骑着自行车急着赶去上班，在一个十字路口，由于踩得太快，没看到车子前轮的那块挡雨板从前轮上卷了进去，造成车子即停，而他本人就从车上栽了出去，然后车子也跟他做了一样的动作，唉！弄得头部到处是伤。

其实，生活在这个社会中，我们每天要做的事有很多，像这样的小事情，如果不注意很容易就会发生。而急躁并不能快速地做好一件事，然后再投入到下一件事情当中去，可能这样会把一件事做得更糟。人们常说"做事做得快，不如做得好"，仔细想一想并不是没有道理。上班晚了，你就是走得再快，还是晚了……所以，当我们在做每件事之前，还是需要先冷静地思考。

做事要果断

《论语·子路》里有句话："言必信，行必果。"意思是说话一定要守信用，做事一定要果断。做每件事必须要说到做到，果断行事。

果断是指一个人善于明辨是非，迅速地估计情况，适时地做出并执行决定。与果断相反的是寡断和武断。具有寡断性格的人在决断中思想、情感不集中，面对紧急情况犹豫不决，束手无策，迟迟做不了决定，总是左右徘徊，顾虑重重，怕担风险，患得患失，不敢决断。具有武断性格的人往往懒于思考而轻易做出决定，这种人虽然能够迅速做出决定，但不考虑客观条件，不考虑后果，做出的决定是虚妄的、主观的。因此，无论做什么事都要果断行事。

　　一个小男孩在外面玩耍，一阵风刮来，一个鸟巢掉下来，小男孩定睛一看，里面有一只小麻雀，非常可爱，小男孩也非常欢喜，就把它带回家去。当他托着鸟巢走到家门口的时候，忽然想起妈妈不允许他在家里养小动物。于是，他轻轻地把小麻雀放在门口，进屋去请求妈妈。在他的再三哀求下妈妈终于破例答应了。小男孩非常高兴地去找小麻雀，可是令他伤心的是，那只小麻雀已经成了一只小黑猫的盘中餐了。

　　这件事令小男孩刻骨铭心，通过这件事他记住了一个教训：只要是自己认定的事情，决不可优柔寡断。这个小男孩长大后，成就了一番事业。他就是华裔电脑名人——王安博士。

　　做事要利落，决定要果断。"该断不断，必受其乱"，其实需要果断地做出一个决定的时候，事情已经是到了一个分水岭的时候了。如果不采取果断的措施，后果就难以控制。就像炒股票，该抛的时候不抛，该买的时候不买，最后不是被套牢，就是亏得一塌糊涂。

　　办事干脆利索、能够把事情做好的人都能给人极好的印象。相反，如果一个人办事拖沓，又怎么能够使人对你产生信赖感？

　　有一位主管会计，工作很认真，大家对她也很满意，可是每次经理去办公室时，总看到她办公室跟垃圾堆一样。当时经理并没有批评她，当第二次、第三次去她办公室时，看到她的办公桌上依然如故，像个小山包一样。经理让她找一份报表，她在桌子上翻腾了老半天，也没有找到。这就使经理对她产生了一种不信任感：这个人不适合做主管会计。后来她便被经理调到其他岗位去了。

一个利索能干的人，在职场上是很受欢迎的。因为它能够使别人对你产生一种信任的感觉，能够使别人敬畏你，这样你办起事来才能够如鱼得水，自然就会将事情办好。因此要学会为自己树立一个利落的形象。

我们都知道一个人的成功与他善于抓住有利时机，果断做出决策休戚相关。成大事者，办事就不能像打太极拳。就拿一个领导来说，不能做到坚决果断，往往给人以懦弱无能的感觉。在关键时刻，一个领导若能做一个英明的决断，那么日后的感召力、影响力，其作用会强于他平日长时期的外在表现。倘若你平时派头十足，一到关键时刻却软弱起来，那么这个反差只会给你周围的人留下笑柄。因此坚决果断，勇于当先，是权力影响力的一个重要因素，最能赢得下属的赞赏与信赖。

那么如何培养自己果断的习惯呢？你需要从今天开始，永远不要等到明天，强迫自己去练习，切勿犹豫，做事不要拖泥带水。出现了问题立即着手解决，毫不拖延，就像《红楼梦》中王熙凤一样，办事利索。

在你决定某一件事情之前，你应该对各方面的情况有所了解，你应该运用全部的常识和理智慎重地思考，给自己充分的时间去想问题。一旦做好了心理准备，就要果断决定，一经决定，就不要轻易反悔。如果发现好的机会，就必须抓紧时间，马上采取行动，这样才不至于贻误时机。学会在做决定时抛开僵化的是非观念，你就会轻而易举地做出决定。各种选择的结果只是不同而已，没有对错的区别。所以，绝不要以"正确"或"错误"来形容自己做出的决定。

凡事都有利弊，果断决策者难免会发生错误，但是这无疑比那些犹豫者做事迅速，因为犹豫者根本就不敢开始工作。而且，就你由此所得到的自信力，可被他人依赖的信赖感来说，要比丧失决策力有价值的多。不作决定，你就会失去向失败挑战的勇气和决心。

当然了，果断不是说对于一件事情贸然地做出决定。凡事三思而后行，就是要注意细节，要谨慎行事。果断也是要在关键时刻沉住气，并且快速地做出反应。战争时，大敌当前，是死守，还是后退，这就需要将军根据当前情形快速做出决断。死守就要让士兵有视死如归的霸气，后退就要让士兵有条不紊，以稳军心。如果不能做出果断的战术意见，没有做很好的准备工作，等到被全歼之时，再呼天喊地，不但不受同情，反而被说活该。

生活有时就是一场战斗，多点果断，少点犹豫，才能为自己争取到

第五节　待人友善，注重合作
——合作之美

　　一个巴掌拍不响，在社会上生存，要懂得对人亲切友善，平等对待他人，与人相互扶持。重视团队的荣誉，强调互助合作，认为团队合作能够发挥出更大的力量，在团队中也容易与人亲近。

学会友善待人

　　有位外国的名人说过："善良的情感是良好行为的肥沃土壤。"如果每个人都真诚地把自己的善良热情地奉献给社会，那么，社会氛围就变得越来越好！

　　有这样一个故事：一位医生驱车去救一个快窒息的小孩，因为时间紧迫他选择了一条捷径，可他没想到有一条几米宽的深沟挡住了他的去路，他无法到达对面的公路，时间就是生命，他急得直冒冷汗。就在这时，一位驾着推土机的男子伸出了援助之手，在他的帮助下，医生及时赶到出事现场，救活了那个孩子。第二天，医生去感谢那位男子时，却发现他救的孩子竟是那位热心人的儿子。

　　看完之后，不免让人深深地体会到什么叫作"与人为善，就是与己为善"。那位男子在帮助医生的时候，也许他根本不会想到他正在"救"自己的儿子，当他得知后，可能会更为自己的热心而感到骄傲。

其实，在现实生活中，你会发现许多双求助的眼神，此时，请上前问一声"需要帮助吗？"收获一份坦然的同时，你会得到一声真诚的谢谢。

与人为善是人际交往中一种高尚的品德，是智者心灵深处的一种沟通，是仁者个人内心世界里一片广阔的视野。

与人为善来源于高尚。"人心本善""世界终将大同""只要人人都献出一点爱，世界将变成美好的人间"……有了这样的情操，人们的行动才有了指南，人生杠杆才有了支点，理想大厦才有了精神支柱。

与人为善也来源于自信。无论生活以什么样的方式回报他，他都能应对自如。正如一位诗人所说："报我以平坦吗？我是一条欢快的小河；报我以崎岖吗？我是一座大山严肃的思索；报我以幸福吗？我是一只凌空飞翔的燕子；报我以不幸吗？我是一根劲竹经得起狂风暴雨。"市场经济，红尘滚滚。似乎实力地位、利益原则决定一切，于是有的人便认为与人为善的精神原则已经变得陈旧而失去了光泽。其实不是这样，人们需要善良，世界需要善良，你自己也需要善良。

与人为善是一种力量。它能征服人心、征服世界。

阿姆斯特朗在迈上月球时，因一句"我个人迈出了一小步，人类却迈出了一大步"的善美之言而家喻户晓。但一同登月的还有奥尔德林，虽然少有人知道，但同样让人敬佩。

在庆祝登月成功的记者招待会上，有一位记者提出了一个很尖锐的问题："你作为同行者，而成为登上月球第一人的却是阿姆斯特朗，你是否感觉有点遗憾？"在众人有点尴尬的注视下，奥尔德林风趣地回答道："各位，千万别忘记了，回到地球时，我可是最先迈出太空窗的！"他环顾四周笑着说："所以，我是从别的星球上来到地球的第一个人。"大家在欢愉的笑声中，给了他最热烈的掌声……奥尔德林用与人为善的善念化解了人们的不平和尴尬，同时也真诚地分享了朋友的快乐。

宋代的寇准与王旦，同朝为官，王旦为宰相主管中书省，寇准为副相主持枢密院。两人性格相左，一个柔和，一个刚直，所以常有摩擦。一日，中书省有文件送枢密院，不合诏书格式，寇准便把这件事报告了真宗，王旦受到了责备，中书省的官吏也受到了处分。

没出一月，枢密院有文件送中书省，也违反了诏书格式，中书省的官吏很高兴地呈送王旦，认为报复的机会来了。王旦却叫人送还枢密院。寇准十分惭愧，拜见王旦说："您真是有天大的度量啊。"

王旦与人为善，宽容对待同僚间的摩擦，不仅消除了彼此隔阂，确保了政坛稳定，而且以自己的高尚情操，"善"出了政绩卓著的一代名相——寇准。

与人为善相对的是与人为恶。与人为恶者把一生的奋斗目标放在损人、害人之上，或者心胸狭隘，嫉贤妒能；或者疑神疑鬼，坐卧不宁；或者厚颜无耻，卑鄙下流；或者贪婪无度，违法乱纪……由于他们担惊受怕，神经高度紧张，必然导致五行失调，阴阳错乱，如入炼狱，如坠火海，最后的结果便是早衰早亡。而与人为善者经常处在和谐之中，人际平和，心态平和，豁达乐观，无忧无虑，其身必健，其寿自长。正如长寿名著《丁福宝训》所言："胸怀欢乐，则长寿可期……口资笑乐而益身体也。"

与人为善是一壶洗涤灵魂的净水。

与人为善绝不是一种简单的同情心，它是一种无形的相助，一种博大的爱，是一股矫正世俗的春风。

道家的始祖老子说得好："上善若水。"是的，"水利万物而不争"，与人为善者与水一样能溶解万事万物，化解人间恩仇；"海纳百川，有容乃大"，与人为善者能包容一切，气度恢宏，胸怀博大；"水质透明，清澈见底"，与人为善者白日为善，夜来省己，心如明镜……与人为善跟水一样精深博大。

勿以恶小而为之，勿以善小而不为。受所处环境和心境的影响很大，受个人道德和修养规范的影响很大，受社会整体文明和和谐水平的影响很大。与人为善在脱离了"人之初，性本善"的阶段之后，是需要着力培植的。从社会的角度看，对公民公德的要求是对与人为善的规定性培植；从人性的角度看，以与人为善唯追求是心灵美好安宁的有效途径；从人的价值取向看，以与人为善为追求，是社会和谐的基础；从人的幸福指数来看，与人为善的普及程度越高，人普通的幸福感越强烈。

与人为善的付出，理应不怀任何目的、不求任何回报，你所付出与人的，不必念念不忘，而你所收获于人的，应当铭记在心，这就是与人为善的胸怀。

当善良成为你生命中的一种习惯的时候，你就会更加幸福，这个社会也会更和谐。不是有这样一首歌：只要人人都献出一点爱，世界将变成美好的人间。唱得真好！帮助无处不在，帮助别人，也在帮助自己，正如送人玫瑰，手有余香。

每个人都与人为善吧，要知道"人"字的结构本来就是相互支撑的！

合作大于竞争

在激烈的社会竞争中，大部分人习惯于与人竞争。但是，具有领袖气质的人却善于与人合作，把许多人的力量团结起来，创造一片新的天地。于是，善于合作的人成为领袖，只注重竞争的人成为团队中的一员。

有人曾经问一位日本小学校长："您办学最注重什么？"

这位小学校长回答："教育孩子理解别人，与其他人合作。在现代社会，如果不能上下相互理解与合作，知识再多也没用。"

这位校长的话告诉我们，合作意识和合作能力是孩子的一项重要素质。

刘邦曾经说过："夫运筹帷幄之中，决胜于千里之外，吾不如子房；镇国家，抚百姓，给饷馈，不绝粮道，吾不如萧何；连百万之众，战必胜，攻必取，吾不如韩信。三者皆人杰，吾能用之，此吾所以取天下者。"

合作是现代人的一项基本素质与品格。如果一个人不能与人真诚合作，那他就不可能成功。

华人首富李嘉诚深深懂得合作的重要性，多年来，他实践着合作的原则。

香港《文汇报》曾刊登过李嘉诚的专访，主持人问李嘉诚："俗话说，商场如战场。经历那么多艰难风雨之后，您为什么对朋友甚至商业上的伙伴，都能十分坦诚和磊落呢？"

李嘉诚的回答是这样的：

"最简单地讲，人要去求生意就比较难，生意跑来找你，你就容易做。"

"一个人最要紧的是，要有中国人勤劳、节俭的美德。最要紧的是节省你自己，对人却要慷慨，这是我的想法。"

"顾信用，够朋友，这么多年来，差不多到今天为止，任何一个国家的人，任何一个不同省份的中国人，跟我做伙伴的，合作之后都能够成为好朋友，这一点是我引以为荣的。"

1986年8月，《每周财经动向》的总编林鸿筹先生在《与李嘉诚谈成功之道》一文中这样写道："最近有人向李氏提问，'一个优秀的运动员，必须在与强劲的对手竞赛时才可创下骄人的成绩。环顾今日香港商界，似乎只有包玉刚爵士一位配做阁下强劲的对手，您可有以包先生为对手的想法？'"

"一般人很自然会认为李氏是以包氏为竞争的对手，因为他们有相同的社会地位，在过去又有极类似的活动，例如李氏从英资手中收购和黄、港灯，包氏则收购九龙仓、会德丰；两人先后出任汇丰银行的副主席；两人又同时出任《香港基本法》起草委委员；李氏捐赠汕头大学，包氏捐赠宁波大学等。"

"但李氏答复这个问题时，只说他朝着个人定下的目标向前一步一步推进，从来没有居心与任何人比拼。并且，在多个场合，李嘉诚还是这样说，'我与包先生有真诚愉快的合作。'"

法国斯伦贝谢公司曾在北京大学召开过一场别开生面的招聘会。面试官先将10名应聘者分成两个小组，假设他们要乘船去南极，然后要求这两个小组的成员在限定的时间内，提出各自的造船方案并且做出船的模型。

在这个过程中，面试官则根据每一位应聘者对于造船方案的商讨、陈述和每个人在与本小组其他成员合作制作模型过程中的表现进行观察和打分，从而选择合适的人才。

斯伦贝谢公司是一家从事石油勘探以及原油开采、加工及销售的大型跨国公司。之所以会出这样的面试题，斯伦贝谢公司的人力资源部负责人认为，运用这种方法的最大目的是要了解应聘者是否具有团队合作精神。

斯伦贝谢的面试官是这样说的："在当今社会里，行业分工越来越细，任何人都不可能独立完成所有的工作，他所能实现的仅仅是企业整体目标的一小部分。因此，团队精神日益成为企业的一个重要文化因素。它要求企业分工合理，将每个员工放在正确的位置上，使他能够最大限度地发挥自己的才能，同时又辅以相应的机制，使所有员工形成一个有机的整体，为实现企业目标而合作。对员工而言，它要求员工具备扎实的专业知识、敏锐的创新意识和较强的工作技能之外，还要求员工善于与人沟通，尊重别人，懂得以恰当的方式同他们合作，学会领导别人与被别人领导。"

可见，合作不是一般意义上的人际交往，而是为了一个共同的目标结成的互助互利的双赢关系。在这种关系中，一个人的成功是建立在其他人的成功的基础之上的。

在日常生活中，有许多事情必须要由两个或两个以上的人合作才能完成，只凭一个人的力量是无法做到的。

有一位小学老师为了让学生明白与人合作的重要性，特地上了一堂有意思的课。

在这堂课上，老师先请一位同学走上讲台，让他伸出自己的手，分别谈一下每根手指头的优势和长处。这位学生说道："大拇指可以用来赞扬别人，食指可以用来指示事物，小指可以用来勾东西，中指可以……"不等这位学生说完，台下的学生纷纷帮他说了许多每个手指的其他优势。

这时，老师笑眯眯地拿出一只玻璃杯，只见玻璃杯里面有几个玻璃球。老师对大家说："现在，请你们把玻璃球从玻璃杯里取出来，每个同学都有一次机会。你们可以用你们认为最有本事的那个手指把玻璃球从杯子里取出来！记住，只能用一根手指。"

孩子们的热情被老师鼓舞起来了，教室里的气氛非常热烈。每个同学都认真地走上去，用他们的手指去取玻璃球，但是，不管他们怎么努力，玻璃球就是取不出来。孩子们都很着急。

这时，老师再次对孩子们说："好了，你们可以邀请另外一个手指与原来那个手指合作，一起来取玻璃球。"这次，孩子们个个都把玻璃球取了出来。

游戏做完了，老师对孩子们说："现在你们应该明白了，一个人无论有多大的才能，他总有无法独立完成的事情，人与人的合作是多么的重要。"

只有养成与人合作的团队精神，才能够培养出自己的领袖气质，那么身为青少年的我们应该怎么培养团队合作精神呢？

首先，要学会欣赏和接受别人。

只有能够真诚地欣赏他人的长处，才能从内心深处真正地愿意接受别人。从实质上来讲，合作就是取他人之长，补自己之短，是双方长处的融合，也是双方短处的相互弥补。只有相互认识到对方的长处，欣赏对方的长处，合作才会有真正的动力和基础。因此，我们要时刻这样去告诫自己：任何人都有自己的长处，任何人都要学会真诚地欣赏他人。

其次，要学会关心他人，学会善解人意。

关心他人是人类生存与发展的需要，也是个人生存与发展的需要。一个人对他人的关心是形成其合作能力的前提。我们在懂得关爱自己的同时，也应该学会关心他人，在学会自爱的同时学会爱他人。

再次，要学会分享。

如果我们自私自利，凡事都只想到自己，遇事只会斤斤计较，这样是难以与人友好相处的，又怎么能谈得上与别人合作呢？因此，我们一定要注重培养自己慷慨大方的气度，要经常提醒自己想到别人。

第四，多参加合作性的活动。

社会心理学家多伊奇曾经提出了这样一种理论：当一个活动的目标和手段是参与者积极地相互依赖时，才最可能产生合作关系。结果表明，合作组成员表现出更大的相互依赖感时拥有更密切的合作关系。

因此，我们要多参加一些合作性较强的活动。如足球、篮球、跳绳等，既有团体之间的对抗与竞争，又有团队内部的合作，这些都非常有利于自身合作能力和团队精神的培养。

在游戏中，如果你经常会被其他队员喜欢和信任，这会大大提高你的组织能力和指挥能力，这些就是领袖的基本素质。

最后，懂得一些合作的规则与技巧。

在合作中，我们既要尊重他人，服从大局，又要有自己的立场。当然，凡事都要讲究一个度，不管是容忍还是迁就，随和还是让步，都要有一个尺度。在合作的过程中，既不能唯我独尊，只想着自己，也不能完全放弃自己的原则，而是要充分顾及他人的要求和需要，在必要的时候做出一定的让步和牺牲，同时又要保持自己的立场与个性，努力争取同伴的信任和尊重。

"活着就要与人接触"。心理学家们这样说过，因此人际关系渐被视为生活的核心。拥有良好的人际关系，不仅是生活的快乐源，更是获得成功的关键。合作，能不断与人为善，形成和谐的人际关系。"了解、理解、沟通"等主题深受家长和学生喜爱。与人为善，形成和谐的人际关系，是减轻未成年人外在压力的重要手段。未成年人在与人接触时，要学会用理解、宽容，与友谊、信任和尊重的态度与人和睦相处，增强合作意识与合群观念，最终与他人同心协办，合作共事，走出小圈子，进入社会的大圈子，融入公共人群，从现在做起，从自身做起，从身边做起，真诚沟通，用心交流，和谐的社会环境，美好的社会理想一定能创造和实现。